创锐设计 编著

Photoshop + Dreamweaver

淘宝天猫网店
美工与广告设计一本通

实战版

机械工业出版社
China Machine Press

图书在版编目（CIP）数据

Photoshop+Dreamweaver 淘宝天猫网店美工与广告设计一本通：实战版／创锐设计编著. —北京：机械工业出版社，2019.7

ISBN 978-7-111-63201-6

Ⅰ. ①P… Ⅱ. ①创… Ⅲ. ①图像处理软件②网页制作工具 Ⅳ. ① TP391.413 ② TP393.092.2

中国版本图书馆 CIP 数据核字（2019）第 141780 号

本书是一本从网店装修实际需求出发编写的实例型教程，以 Photoshop 和 Dreamweaver 为软件环境，详细讲解了它们在网店装修中的应用，帮助读者快速掌握网店图像处理和页面排版的核心技能。

全书内容可分为 4 部分。第 1 部分讲解网店装修准备知识，包括网店装修的后台操作、常用工具、视觉要素、工作流程等内容。第 2 部分讲解 Photoshop 在网店装修图像处理中的应用，包括商品图像的快速调整、商品图像的修复与修饰、商品图像影调与颜色的处理、商品图像的抠取与合成、装饰图形的绘制、网店文字的排版处理等内容。第 3 部分讲解 Dreamweaver 在网店装修页面排版中的应用，包括基础 HTML 装修代码、运用可视化方式添加页面元素、页面超链接与导航菜单设计、使用表格和 CSS 样式美化页面等内容。第 4 部分讲解 Photoshop 和 Dreamweaver 在网店装修实战中的结合应用，包括店招与导航、店铺海报图、商品分类导航、旺旺客服区、店铺优惠券和收藏区、店铺公告、主图与橱窗照、商品详情展示的设计。

本书内容实用，图文并茂，可操作性强，适合网店店长、网店美工等希望快速掌握网店装修和推广技术的读者阅读和学习，也可作为大专院校相关专业或电商培训机构的教学参考书。

Photoshop+Dreamweaver 淘宝天猫网店美工与广告设计一本通（实战版）

出版发行：机械工业出版社（北京市西城区百万庄大街 22 号　邮政编码：100037）
责任编辑：李杰臣　李华君　　　　　　　　责任校对：庄　瑜
印　　刷：北京天颖印刷有限公司　　　　　版　　次：2019 年 8 月第 1 版第 1 次印刷
开　　本：170mm×242mm　1/16　　　　　印　　张：18
书　　号：ISBN 978-7-111-63201-6　　　　定　　价：79.80 元

凡购本书，如有缺页、倒页、脱页，由本社发行部调换
客服热线：（010）88379426　88361066　　　投稿热线：（010）88379604
购书热线：（010）68326294　　　　　　　　读者信箱：hzit@hzbook.com

前 言　　　　　PREFACE

随着电子商务的飞速发展，越来越多的人养成了网络购物的消费习惯。人们只需要动动手指就能浏览琳琅满目的商品，并轻松完成商品交易。在网络购物中，打动消费者下单购买的因素有很多，除了商品本身的品质优势和价格外，网店图片的美观度、网店页面整体的装修布局也是不可忽视的。本书以 Photoshop 和 Dreamweaver 这两个网店装修常用的软件为平台，结合大量典型而精美的实例，全面地讲解网店装修和广告设计的知识和技能。

◎ 内容安排

全书内容分为 4 部分，读者可循序渐进地阅读，也可根据自己的需要选学某一部分。

★第 1 部分：网店装修准备知识

这一部分即"写在处理之前"，主要讲解网店装修的准备知识，包括网店装修的后台操作、常用工具、视觉要素、工作流程等内容。

★第 2 部分：网店装修图像处理——Photoshop

这一部分包括第 1～6 章，讲解 Photoshop 在网店装修图像处理中的应用，主要内容有：商品图像的快速调整、商品图像的修复与修饰、商品图像影调与颜色的处理、商品图像的抠取与合成、装饰图形的绘制、网店文字的排版处理。读者通过学习，既能掌握网店图片的处理技法，又能精通 Photoshop 中各类工具的使用方法。

★第 3 部分：网店装修页面排版——Dreamweaver

这一部分包括第 7～10 章，讲解 Dreamweaver 在网店装修页面排版中的应用，主要内容有：基础 HTML 装修代码、运用可视化方式添加页面元素、页面超链接与导航菜单设计、使用表格和 CSS 样式美化页面，手把手教大家使用 Dreamweaver 完成网店页面布局排版与个性化装修代码制作。

★第 4 部分：网店装修实战应用——Photoshop+Dreamweaver

这一部分即第 11 章，讲解 Photoshop 和 Dreamweaver 在网店装修实战中的结合应用，包括店招与导航、店铺海报图、商品分类导航、旺旺客服区、店铺优惠券和收藏区、店铺公告、主图与橱窗照、商品详情展示的设计。读者通过学习，能够运用书中讲解的方法完成个性化的网店装修工作。

◎ 主要特色

★内容实用，实例典型

本书在挑选内容和设计实例时以实用、典型为出发点，将网店装修中应用最广、效率最高的技法融入贴近实际应用的典型实例中进行讲解，能够有效提高读者的阅读兴趣和学习效率。

★图文并茂，清晰直观

本书在讲解操作步骤时基本采用"一步一图"的方式，非常清晰、直观，让读者能够轻松和快速地掌握操作要领。

★栏目丰富，延展学习

本书在讲解过程中穿插了各种栏目板块，如"技巧提示""知识扩展"等，大大增加了本书的知识量，帮助读者掌握更多实用的软件操作技巧和网店装修知识。

★资源完备，轻松自学

本书配套的学习资源提供所有案例的相关文件。读者按照书中讲解，结合文件动手操作，学习效果立竿见影。

◎ 适用范围

本书适合网店店长、网店美工等希望快速掌握网店装修和推广技术的读者阅读和学习，也可作为大专院校相关专业或电商培训机构的教学参考书。

由于编者水平有限，在编写本书的过程中难免有不足之处，恳请广大读者指正批评，除了扫描二维码关注公众号获取资讯以外，也可加入 QQ 群 736148470 与我们交流。

编者

2019 年 5 月

⬇ 如何获取学习资源

步骤 1：扫描关注微信公众号

　　在手机微信的"发现"页面中点击"扫一扫"功能，如下左图所示，进入"二维码/条码"界面，将手机摄像头对准下右图中的二维码，扫描识别后进入"详细资料"页面，点击"关注公众号"按钮，关注我们的微信公众号。

步骤 2：获取学习资源下载地址和提取密码

　　点击公众号主页面左下角的小键盘图标，进入输入状态，在输入框中输入 5 位数字"63201"，点击"发送"按钮，即可获取本书学习资源的下载地址和提取密码，如下图所示。

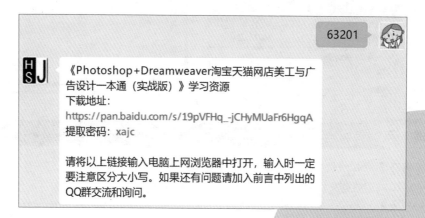

步骤 3：打开学习资源下载页面

　　在计算机的网页浏览器地址栏中输入步骤 2 中获取的下载地址（输入时注意区分大小写），如右图所示，按 Enter 键即可打开学习资源下载页面。

步骤4：输入密码并下载文件

在学习资源下载页面的"请输入提取密码"文本框中输入步骤2中获取的提取密码（输入时注意区分大小写），再单击"提取文件"按钮。在新页面中单击打开资源文件夹，在要下载的文件名后单击"下载"按钮，即可将其下载到计算机中。如果页面中提示选择"高速下载"还是"普通下载"，请选择"普通下载"。下载的文件如为压缩包，可使用7-Zip、WinRAR等软件解压。

步骤5：播放多媒体视频

如果解压后得到的视频是SWF格式，需要使用Adobe Flash Player播放。新版本的Adobe Flash Player不能单独使用，而是作为浏览器的插件存在，所以最好选用IE浏览器来播放SWF格式的视频。右击需要播放的视频文件，然后依次单击"打开方式 >Internet Explorer"，如下左图所示。系统会根据操作指令打开IE浏览器，稍等几秒钟后就可看到视频内容，如下右图所示。

如果视频是MP4格式，可以选用其他通用播放器（如Windows Media Player、暴风影音）播放。

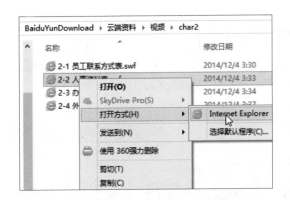
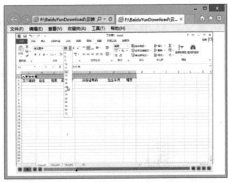

提 示

读者在下载和使用学习资源的过程中如果遇到自己解决不了的问题，请加入QQ群736148470，下载群文件中的详细说明，或寻求群管理员的协助。

目 录

CONTENTS

第3章　商品图像影调与颜色的处理

第4章　商品图像的抠取与合成

第5章 装饰图形的绘制

第6章 网店文字的排版处理

第7章 初识网店装修的基础HTML代码

第8章　运用可视化方式添加页面元素

第9章　页面超链接与导航菜单设计

第10章　使用表格和CSS样式美化页面

第11章　组成网店的各功能元素设计

写 在 处 理 之 前

　　网店装修是指对网店页面进行美化和装饰设计，从而达到提高网店商品转化率的目的。在进行网店装修之前，我们需要先了解网店装修的重要性、网店装修后台的基本操作、网店装修的常用工具、网店装修的主要视觉元素、网店装修的工作流程等，以便在实际的装修过程中提高工作效率，达到事半功倍的效果。

01 网店装修的重要性

也许有人会问，网店不装修可以卖东西吗？当然，现在很多电商平台都提供网店装修模板，卖家可以直接使用，无需额外装修就能卖东西。但是，这些装修模板往往千篇一律，很难体现特色，因此，还是会有很多卖家想尽一切办法将自己的网店装修得更加漂亮，以在众多网店中脱颖而出，获得更好的客源和更高的转化率。

这些卖家之所以如此重视网店装修，是因为网购具有一定的特殊性。在实体店，消费者可以通过看、尝、摸、闻、听去感知实物；而在网店中，买家只能通过看页面中的视频、图片和文字来了解商品。所以，网店装修就显得尤为重要。总体来说，网店装修是为了达到让网店页面更美观、吸引更多眼球、提升转化率等多种目的，如下图所示。

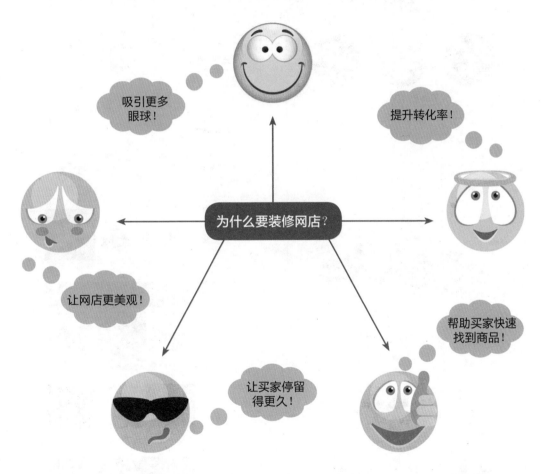

下面通过对比两家网店的页面，直观地感受一下网店装修的作用。如下左图所示的网店对店招、导航条、促销广告、商品分类等进行了艺术化设计，使得商品与页面整体风格形成视觉上的统一，更能吸引买家的注意，博得买家的好感；如下右图所示的网店则采用了电商平台最基本的装修设置，并没有做额外设计，给人的感觉是单调、简陋，买家很难对这样的网店产生信任感。

接下来再选择两家网店风格和价格都比较相近的两款商品进行比较。下一图所示为装修过的网店的商品，下二图所示为未装修的网店的商品，从图中可以看到，装修过的网店的商品，其交易数量、收藏人气和评论数都比未装修的网店的商品高很多。由此可见，网店装修是促进商品销售的重要因素。

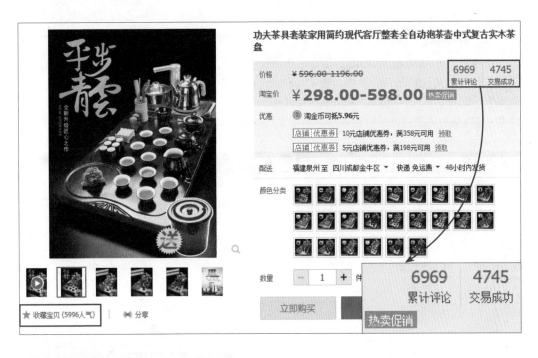

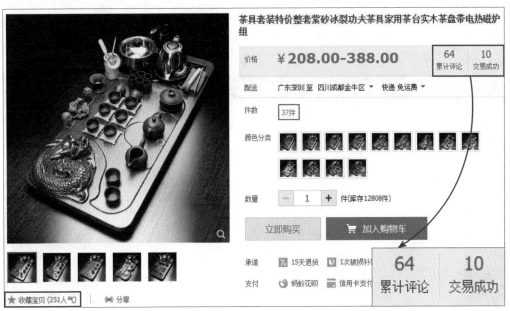

02　网店装修后台常用操作

在进行网店装修之前，需要对网店装修后台的一些常用操作有一定了解，如设置并应用默认模板、添加页面及自定义模块等。下面以淘宝为例进行讲解。

1.　上传图片到图片空间

装修网店之前，首先要做的就是将装修需要用到的图片上传到图片空间。淘宝有专门的图片空间来存储和管理装修图片。登录卖家后台管理中心，单击"店铺管理"下方的"图片空间"，即可进入图片管理页面，单击"上传"按钮，如下一图所示，弹出"上传图片"对话框，可以直接将图片拖动到对话框中间位置，也可以单击"上传"进行上传，如下二图所示。

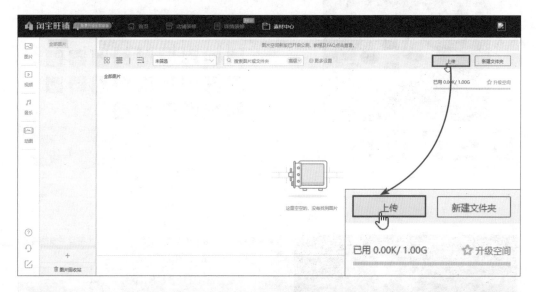

上传完成后，页面中会显示上传后的文件或文件夹，选中文件或文件夹，可以单击"重命名"按钮，对上传的文件或文件夹进行重命名操作，如下图所示。在此页面中单击"删除"按钮，可以删除已经上传的文件或文件夹。

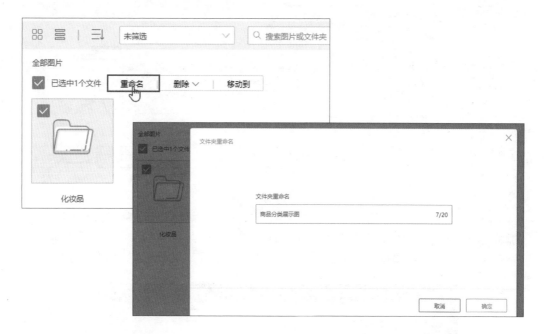

2. 页面布局管理

页面布局管理是对页面整体结构的调整，包括店铺招牌（店招）、导航和页尾等，这也是进入网店装修进行模块添加的一个最基本的操作。登录卖家后台管理中心，找到并单击"店铺装修"，如下一图所示，进入网店装修后台页面，根据需要选择要装修的页面是手机端还是 PC 端，然后单击"装修页面"按钮，如下二图所示。

　　进入下一级装修后台页面，在页面中先单击"首页"右侧的下拉按钮，然后选择要装修的页面，如店内搜索页、详情页或个性化装修页面等。选定装修页面后，单击"布局管理"按钮，如下一图所示，进入"布局管理"页面，显示默认的页面布局效果，如下二图所示。

如果需要向页面添加新布局样式，单击页面中的"添加布局单元"按钮，如下一图所示，在弹出的对话框中单击选择想要的布局结构，如下二图所示。

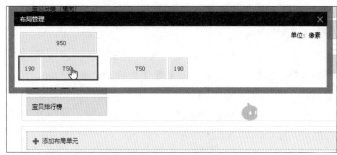

添加新的布局单元后，在页面左侧单击选择相应的模块，将其拖动到添加的布局单元中，如下左图所示，即可完成页面的重新布局，如下右图所示。如果需要删除布局单元，则单击布局单元右侧的删除按钮×。

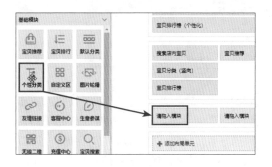

3. 应用模板快速装修网店

为了便于卖家快速完成基本的网店装修工作，电商平台通常会提供一些装修模板。淘宝平台提供的装修模板有简约时尚官方模板、动感红官方模板、收费店铺官方模板三套。淘宝卖家都是在这几套模板的基础上进行网店装修的，其中绝大部分的淘宝网店装修特效模板代码，如全屏海报代码、轮播代码、卡盘代码等，都是基于简约时尚官方模板制作出来的。

进入网店装修后台，单击顶部导航栏中的"模板管理"按钮，如下左图所示，进入"模板管理"页面，滚动鼠标滚轮，在下方的"可用的模板"区域中单击选择要应用的装修模板，然后单击"马上使用"按钮，如下右图所示，就可以应用所选模板快速装修网店。

4．添加自定义模块

电商平台提供的装修模板的风格并不总能匹配网店的整体形象或商品的特质，如果使用默认的装修模板不能达到理想的装修效果，就需要使用自定义装修模块。

进入网店装修后台，然后单击左侧的"自定义区"模块，将其拖动到右侧页面区中合适的位置，当出现"松开鼠标，模块会放到这里"的提示文字时，如下左图所示，释放鼠标，即可插入一个新的自定义模块，如下右图所示。

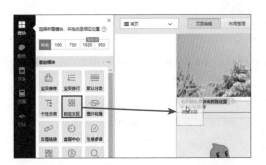

添加自定义模块后，模块右上角会显示"编辑""删除""添加模块"等按钮。单击"编辑"按钮，将弹出如下左图所示的"自定义内容区"对话框，在对话框中定义模块背景色、图片和文本等。如果已经使用 Dreamweaver 编辑好装修代码，则可以单击"源码"按钮，将代码复制、粘贴到代码编辑区，单击"确定"按钮以完成装修，如下右图所示。

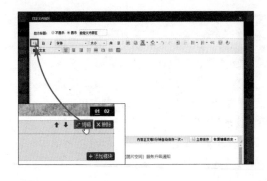

5. 选择合适的默认装修配色

不同的颜色能带给人不同的感受。例如，蓝色能使人联想到科技、干净和理性；紫色能使人联想到神秘及高贵；绿色能使人联想到自然与生机等。淘宝为卖家提供了几种配色方案，大家可以根据所销售商品的特点选择合适的配色方案。

进入网店装修后台，单击左侧的"配色"选项，在右侧即显示系统提供的几种配色方案，只需要单击某个配色方案，如下左图所示，就能快速更改网店的整体装修配色，更改后的效果如下右图所示。

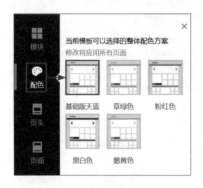

6. 更改页面背景图

很多新手卖家总觉得自己的网店装修效果太过单调，其原因之一就是页面背景效果欠佳。此时可以通过装修后台为页面设置更美观的背景图。网店装修背景图通常都要经过一定的设计，可以通过抠取及合成等后期处理手段进行美化，使其与商品和网店整体装修风格形成更统一的视觉效果。

单击网店装修后台左侧的"页面"选项，如下左图所示，在右侧先取消勾选"页面背景色"右侧的"显示"复选框，如下中图所示，再单击"更换图"按钮，如下右图所示。

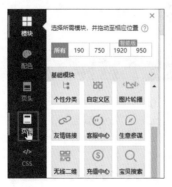

打开"打开"对话框，在对话框中选择需要应用的背景图，然后单击"打开"按钮，如下一图所示，再设置背景显示方式和对齐方式，如下二图所示，更换背景后的网店装修预览效果如下三图所示。

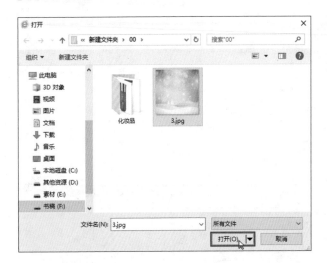

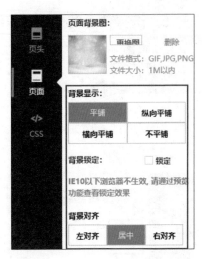

03　网店装修常用工具

　　在进行网店装修时，常常需要使用一些软件对装修的素材进行优化或美化，如图片处理和网页架构设计等。网店装修中比较常用的两个软件是 Photoshop 和 Dreamweaver，下面就来简单认识一下这两个软件。

1. Photoshop

　　Photoshop 是 Adobe 公司开发的图像处理软件，它的专长是处理以像素构成的位图图像，包括编辑加工、校色调色、添加特效、抠图与合成等。

　　在计算机中安装好 Photoshop 软件后，双击桌面上的快捷方式图标即可启动软件。启动软件后可以看到界面由菜单栏、工具选项栏、工具箱、面板等几大部分组成。Photoshop 界面的各组成部分及功能介绍如下图和下表所示。

❶ 菜单栏	包含"文件""编辑""图像""图层""文字""选择""滤镜""3D""视图""窗口""帮助"11组菜单,单击菜单名可以打开相应的下级菜单
❷ 工具箱	包含用于创建和编辑图像、图稿、页面元素等的工具
❸ 工具选项栏	显示当前所选工具的选项,选择不同的工具时出现的选项也不相同
❹ 图像窗口	显示正在处理的文件,用户可以将图像窗口设置为选项卡式窗口,并且在某些情况下可以进行分组和停放
❺ 状态栏	显示当前文件的基本信息,如文件大小和缩放比例等
❻ 面板	汇集了Photoshop操作中常用的选项和功能,可以完成更多的编辑操作

2. Dreamweaver

在网店装修后台进行编辑时,我们会看到很多的源代码。如果需要对模板进行重构,可以在Dreamweaver里对模板的代码进行编辑。

Dreamweaver是一款"所见即所得"的网页编辑工具,是唯一提供Roundtrip HTML、视觉化编辑与原始码编辑同步的设计工具,利用其可以轻而易举地制作出跨越平台和浏览器限制的充满动感的网页。进行网店装修时,应用Dreamweaver对页面进行编排,可以创建具有网店自身特色的装修页面。Dreamweaver 工作界面的各组成部分及其功能介绍如下图和下表所示。

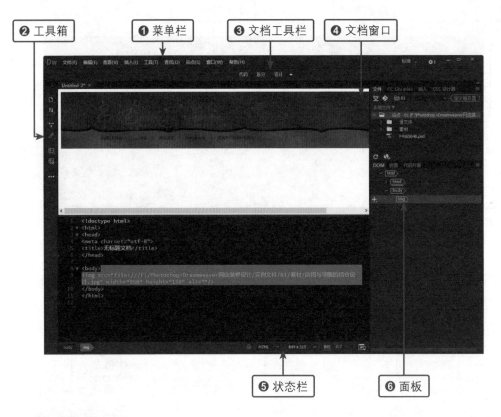

❶	应用程序栏	包含"文件""编辑""查看"等9组菜单
❷	工具箱	位于窗口的左侧，包含与视图相关的按钮
❸	文档工具栏	用于在"代码"视图、"拆分"视图和"设计"视图三种不同视图之间进行快速切换
❹	文档窗口	显示当前创建和编辑的文档
❺	状态栏	提供与当前文档有关的信息，在状态栏中可以设置文档的缩放比例，也可以通过标签选择器显示环绕当前选定内容的标签的层次结构，单击该层次结构中的任何标签以选择该标签及其全部内容
❻	面板	用于帮助用户设置和修改文档

04 网店装修三大视觉要素

前面提到过，相对于实体店来说，网店最大的局限是只能让买家通过视频、图片和文字了解所售商品，所以，网店装修最重要的就是视觉效果。视觉效果代表着网店的门面，其中颜色、文字和版式是网店装修的三大视觉要素，只有合理地规划这三大要素，才能获得理想的网店装修效果。

1. 颜色

在浏览网店页面时，我们首先会被页面中的颜色所吸引，再根据颜色的走向，对网店中的商品进行更深层次的了解。因此，配色是树立网店形象的关键。页面的配色处理得当，能给人和谐、愉快的视觉感受，可以进一步提高商品的转化率。网店装修中使用的颜色可分为主色、辅助色和强调色三类，下面分别讲解它们的概念和作用。

主色是指展示网店形象和延伸其内涵的色调。主色主要用于网店标志、标题和主菜单等，给人以整体统一的感觉。主色好比一部电影的主角，串联起整部电影的主线，应该比其他搭配颜色更明显、清楚、强烈，以给人留下深刻的印象。但要注意的是，在一个网店的装修中使用的主色不宜超过3种，否则极易让人眼花缭乱。如下左图所示的网店页面以红色作为主色，通过调整红色的透明度和饱和度，营造出热烈、喜庆的氛围；如下右图所示的网店页面则选择了象征智慧、科技的蓝色作为主色，给人以稳重、冷静、严谨的感受。

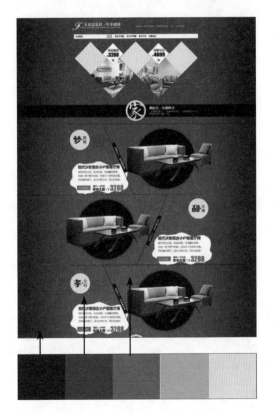

辅助色是页面中仅次于主色的颜色，它的主要作用是烘托主色，支持和融合主色。辅助色与主色一样，也可以有一个或多个颜色，要根据网店装修风格和商品特点来选择与搭配。

在一个页面中添加相同的辅助色，通过颜色反复变换效果能够使其产生共鸣，从而让页面更具立体感。页面中辅助色的距离越远，产生共鸣的效果就越强，而靠得越近，反而变成一块，无法产生呼应的效果。因此，如果想要页面呈现出较有动感的效果，就可以使用让人印象深刻的辅助色，并通过控制其距离来表现出更有感染力和吸引力的画面效果。如右图所示的商品详情页，其设计中使用水蓝色和白色作为页面的辅助色，用于突出此款保温杯的特色和卖点，吸引买家的关注。

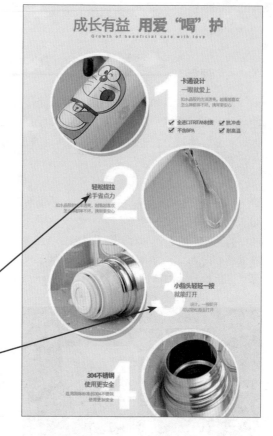

如果在网店页面中整体采用统一的主色和辅助色进行搭配，那么可以在页面的一小块面积上使用强烈的颜色，即强调色。强调色使用的面积越小，颜色越鲜艳，起到的强调作用就越明显。因为强调色所占据的面积较小，所以无论是多么鲜艳的颜色，也不会影响整个网店的装修风格。

如右图所示的化妆品网店页面中，主色是生机勃勃的绿色，突出了商品自然、健康的特点；强调色是玫红色和浅灰色，既突出了右侧的商品类别标题，也使页面产生了轻松的动感。

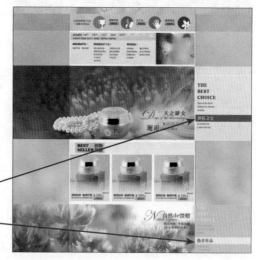

2. 文字

　　文字的编排在网店装修中有着举足轻重的地位。优秀的文字编排会给浏览者带来良好的阅读情绪，从而使其能够进行深入的阅读。所以在编排文字时，要遵循一定的规则，使页面信息的传播度最大化，使商品的转化率得到较大的提高。总体来说，文字的编排规则包含三个部分：其一是文字编排的准确性；其二是段落排列的易读性；其三则是整体布局的审美性。

　　文字编排的准确性不仅仅是指文字所表达的信息要满足主题内容的要求，而且还要求整体排列风格要符合设计对象的形象。只有当文字内容与排列样式都达到画面主题的标准时，才能保证文字准确地传达相关的信息。

　　如右图所示，页面中的图片内容与文字信息在逻辑上存在一定的关联性，同时通过准确的文字叙述对商品的材质特点进行了更加全面的介绍。

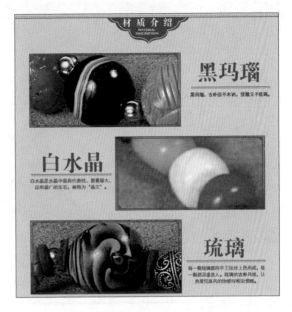

　　网店页面中的文字还应该易于识别，即具有易读性。在实际的文字编排过程中，文字的字体、字距和行距等都可能影响文字的易读性。因此，在进行网店装修时，可以根据画面的需要，通过调整文字的字体及增大或缩小间距等方式来增强文字的易读性，给买家以顺畅的阅读感受。

　　如下图所示的优惠券，通过将版面中的部分文字设置为大号字体，并配以适当的间距，使其易读性得到了显著提高，同时也便于买家更加直观地了解优惠券的优惠额度和使用要求等信息。

　　文字的审美性是指文字编排在视觉上的美观度。在实际的装修过程中，为了满足编排设计的审美性，可以对字体本身添加一些带有艺术性的设计元素，如创建连体字、立体字效果等，从字体结构上增加其美感。

　　如下图所示的轮播广告图对主体文字的字体结构和笔画进行了有规则的改造，使其在外观上呈现出了特定的图形效果，提高了画面整体的艺术性和美观性。

3. 版式

　　网店装修中的版面布局是让页面脱颖而出的关键。因此，进行网店装修时，除了要考虑页面的颜色和文字编排方式外，还应当考虑整个页面的视觉流程，即版面布局对买家的视觉引导，指引买家视线的关注范围和方位。清晰明确的视觉流程，不但可以增加买家在页面中的停留时间，还可以提高页面整体的美观性。

　　网店装修中比较常用的视觉流程有单向型和曲线型两种。单向视觉流程也称为线性视觉流程，它又可以分为横向视觉流程、纵向视觉流程和斜向视觉流程。横向视觉流程也称为水平视觉流程，是最符合人们阅读习惯的视觉流程，其通过版面各个元素的依次排列，引导观者的视线在水平线上左右来回移动。横向视觉流程在欢迎模块和促销广告中应用较多。下图所示的页面即从左至右依次展示了不同茶具的尺寸大小。

 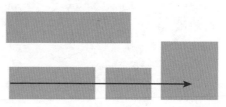

纵向视觉流程也称为垂直视觉流程。纵向视觉流程是将版面中的元素在垂直方向上进行编排，让观者的主要视线在页面的垂直方向上移动。该视觉流程常用于较为简洁的版面中，不仅能起到稳固画面的作用，还能为观者带来稳妥与坚定的心理感受。如右图所示的页面将各个元素基于页面的中轴线进行合理的编排，产生了一种纵向的视觉流程，让观者感受到页面整体的坚定与和谐。

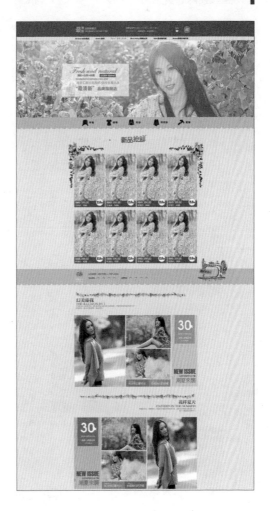

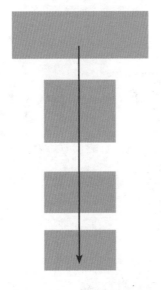

斜向视觉流程是指通过将版面中的图片或文字进行斜向排列，引导观者的视线从左上角移动到右下角或从右上角移动到左下角。此类画面具有相对的不稳定性，因此会产生强烈的运动感和视觉吸引力，能更自然轻松地引导观者的视线和注意力。下图所示的页面通过文字和图片的方向引导观者的视线，如此既能赋予画面一定的动感，也能从侧面反映出鞋子的舒适性。

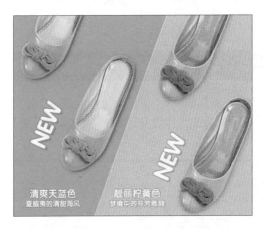

除了单向视觉流程，曲线视觉流程也是网店装修中运用较多的一种版面布局方式。曲线视觉流程是将页面中的图片和文字等元素，以S形或O形等曲线形态排列，使观者的视线随曲线移动。曲线视觉流程不但能使版面看起来饱满而灵活多变，还能让人从中感受到优雅的动态美。

右图所示的页面即采用了S形曲线视觉流程，将商品发货及售后处理流程置于S形曲线上，如此不但使得版面的上下和左右达到了相对平衡的效果，而且也让画面的视觉空间效果显得更加灵动和活泼。

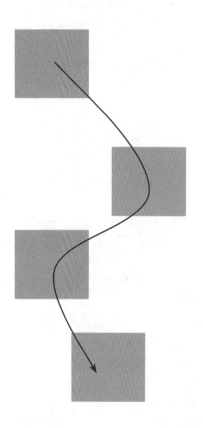

【 05 网店装修的工作流程

无论做什么事，都有一个"先做什么，再做什么，最后做什么"的顺序，网店装修也是如此。按照下面的流程进行网店装修，可以减少工作失误，提高工作效率，得到理想的工作效果。

1. 收集并整理装修素材

装修网店前，首先需要收集相关素材，如拍摄的商品照片、视频及其他一些装修中需要使用的素材等。将收集到的素材通过文件夹分门别类地存放，以便在装修过程中快速调用。

2. 在Photoshop中设计页面

　　准备好素材后，就可以启动 Photoshop 软件。在 Photoshop 中对页面进行融合设计，对素材图片进行修饰、美化和设计，制作出网店的店招、导航、欢迎区及客服区等模块，如右图所示，然后存储处理后的图像文件。为方便随时进行修改，在存储图像文件时可以分别存储为 PSD 格式和 JPG 格式。

3. 对图像进行切片处理

　　完成页面图像的设计后，接下来就需要对图像进行切片。切片可以帮助我们设计和优化单个网页图片或整个页面布局，并提高页面的下载速度。为了实现更精细的切片操作，可以先在图像中创建参考线，如下左图所示，然后基于参考线创建切片效果，如下中图所示，再应用"存储为 Web 所用格式"命令存储切片图像，如下右图所示。

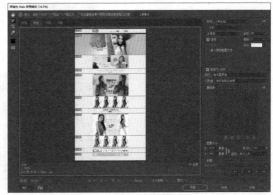

4. 将图像上传到图片空间

对图像进行切片优化后，在存储图像的文件夹中将出现一个"images"文件夹，此文件夹中包含了所有的切片图像。打开网店装修后台，将文件夹中的切片图像全部上传到后台指定的图片空间中，以便进行图像的链接和代码的制作，如下图所示。

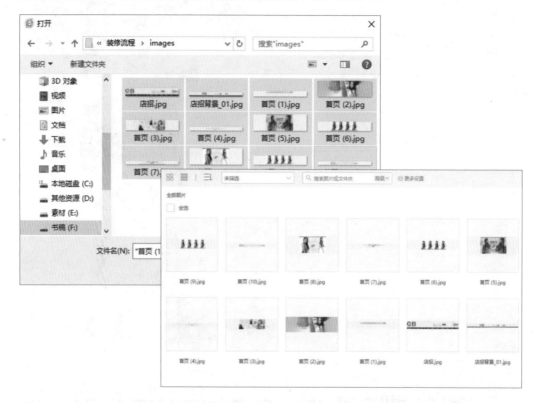

5. 在Dreamweaver中编辑自定义模块

启动Dreamweaver软件，创建一个空白文档，然后分别制作出网店的店招和页面自定义装修模块的代码。在制作代码时，需要通过网店装修后台，复制图片空间的图像链接和代码，并利用Dreamweaver调整代码，如右图所示。在文档窗口可以查看由一张张图片组成的页面效果，如下图所示。

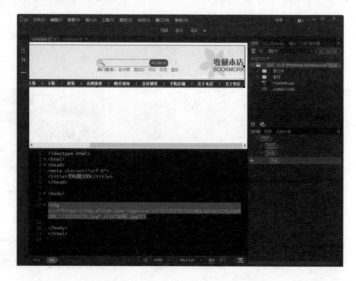

6. 复制代码完成装修

进入网店装修后台，删除多余的装修模块，将制作好的代码复制并粘贴到相应的装修模块编辑区域，最后单击"发布"按钮，发布装修后的网店。再次进入网店时，就可以看到装修后的页面效果，如下图所示。

第1章
商品图像的快速调整

在进行网店的装修设计之前，首先需要掌握一些商品图像的快速处理技法，如调整图像的大小和分辨率、设置适合网店显示的构图、旋转与缩放图像等，这些操作均可以使用 Photoshop 中的菜单命令或工具来实现。

实例01 | 图像的打开与存储

　　要使用 Photoshop 编辑素材图像，首先就需要在 Photoshop 中打开素材图像。对于编辑好的图像，则需要将其以指定格式存储到指定的文件夹中，便于将其上传到图片空间中。

◎ 素材文件：随书资源\01\素材\01.jpg、02.psd
◎ 最终文件：随书资源\01\源文件\图像的打开与存储.psd

步骤 01 启动 Photoshop，执行"文件 > 打开"命令，❶在打开的对话框中选中需要打开的素材，❷单击"打开"按钮。

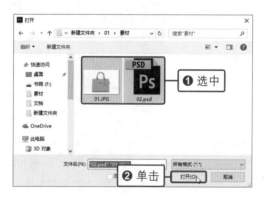

步骤 02 即可在 Photoshop 中打开所选素材图像，选中 01.jpg 素材图像，按下快捷键 Ctrl+C，复制女包图像。

步骤 03 切换到处理好的 02.psd 背景图像，按下快捷键 Ctrl+V，将复制的女包图像粘贴到画面中，调整其大小和位置。

步骤 04 选择"图层 1"图层，将图层的混合模式更改为"变暗"，混合图像，将女包图像拼合到新背景中。

步骤 05 执行"文件 > 存储为"菜单命令，打开"另存为"对话框，❶在对话框中指定文件的存储位置，❷输入文件名，设置后单击"保存"按钮，存储图像。

知识扩展　网店装修中常用的图像文件格式

Photoshop 支持的文件格式有很多，执行"文件 > 存储"或"文件 > 存储为"菜单命令，在打开的对话框的"保存类型"下拉列表中即可看见，如右图所示。而网店装修中常用且支持的图片格式有 JPG、PNG、GIF，下面分别介绍。

```
Photoshop (*.PSD;*.PDD;*.PSDT)
大型文档格式 (*.PSB)
BMP (*.BMP;*.RLE;*.DIB)
CompuServe GIF (*.GIF)
Dicom (*.DCM;*.DC3;*.DIC)
Photoshop EPS (*.EPS)
Photoshop DCS 1.0 (*.EPS)
Photoshop DCS 2.0 (*.EPS)
IFF 格式 (*.IFF;*.TDI)
JPEG (*.JPG;*.JPEG;*.JPE)
JPEG 2000 (*.JPF;*.JPX;*.JP2;*.J2C;*.J2K;*.JPC)
JPEG 立体 (*.JPS)
PCX (*.PCX)
Photoshop PDF (*.PDF;*.PDP)
Photoshop Raw (*.RAW)
Pixar (*.PXR)
PNG (*.PNG;*.PNG)
Portable Bit Map (*.PBM;*.PGM;*.PPM;*.PNM;*.PFM;*.PAM)
Scitex CT (*.SCT)
Targa (*.TGA;*.VDA;*.ICB;*.VST)
TIFF (*.TIF;*.TIFF)
多图片格式 (*.MPO)
```

1. JPG/JPEG格式

JPEG 格式文件的扩展名为 JPG 或 JPEG，所以有时也称为 JPG 格式。这种格式是存储和传输照片时应用最普遍的格式，它利用较先进的有损压缩算法去除冗余的图像和颜色数据，优点是颜色还原度好，可以在图片不明显失真的情况下大幅度减小图片文件的体积。在网店装修中使用 JPG 格式的图片，有助于提升页面的加载速度，特别是在网络不好的情况下也能快速打开图片。

2. PNG 格式

PNG 格式是一种专为网络传输开发的位图文件格式。它的优点是支持高级别无损压缩和 256 色调色板技术，最高支持 48 位真彩色图像及 16 位灰度图像，并且支持 Alpha 通道的半透明特性等。PNG 格式除了广泛应用于网页制作外，在游戏和手机应用程序开发等领域也得到大量应用。

3. GIF 格式

GIF 格式是一种基于 LZW 算法的连续色调的图像压缩格式，在网络中使用较为广泛。GIF 格式支持透明背景，但最多只能存储 256 色的 RGB 颜色级数。它最大的特色是支持在一个文件中存储多幅彩色图像，如果把存储于一个 GIF 文件中的多幅图像逐幅读出并显示到屏幕上，就可构成最简单的动画，也就是我们在许多网页上看到的"闪图"。

总体来说，如果图片的颜色较为单调，推荐选用 PNG 格式；真实拍摄的商品照片，推荐选用 JPG 格式；若要制作动画效果，则推荐使用 GIF 格式。

除了上面讲解的 3 种格式外，我们还要了解一种格式——PSD 格式。PSD 格式是 Photoshop 软件专用的文件格式，支持图层、通道、蒙版和不同颜色模式的各种图像特征，是一种非压缩的原始文件保存格式。利用 Photoshop 制作装修效果图时，大多需要存储一个 PSD 格式的文件，以便于能够随时修改。

实例02 ｜ 调整单张图像的尺寸与分辨率

　　图像大小和分辨率会影响图像所占用的存储空间。大多数电商平台对网店装修使用的图像都有一定的大小限制，并且如果图像较大，会增加页面加载的时间，导致买家因为等待时间过长而放弃继续浏览商品。因此，我们在将图像上传到图片空间前，需要根据电商平台的规范调整图像的尺寸和分辨率。

◎ 素材文件：随书资源\01\素材\03.jpg

◎ 最终文件：随书资源\01\源文件\调整单张图像的尺寸与分辨率.psd

步骤 01 打开 03.jpg 素材图像，可以看出这是为商品制作的详情展示图。

步骤 03 网店装修中的图像的分辨率只需设置为 72 dpi，因此在"分辨率"右侧的文本框中输入数值 72。

步骤 02 执行"图像 > 图像大小"菜单命令，打开"图像大小"对话框，在对话框中查看原图像的大小。

步骤 04 根据网店图像的尺寸要求，❶在"宽度"文本框中输入数值 990，输入后根据长宽比自动调整高度，❷单击"确定"按钮。

步骤 05 此时在图像窗口中可看到在相同的缩放比例下，图像变小了很多。

技巧提示 单独调整宽度或高度

　　单击"图像大小"对话框中的"不约束长宽比"按钮，在"宽度"或"高度"文本框中输入数值。

知识扩展 不同电商平台的图片尺寸和大小规范

不同的电商平台对图片的宽度和高度等都有自己的规范，下表分别展示了淘宝、天猫和京东三大主流电商平台对于图片尺寸和大小的规范。

淘宝				
位置		端口	尺寸（像素）	备注
描述	店招	PC端	950×120	不超过100 KB
		移动端	750×580	大小400 KB左右
	首页底图	PC端	宽1920，高度不限	大小1 MB以内
	首页图片轮播	PC端	950×（100～600）	—
	首页全屏轮播	PC端	1920×540	—
	商品主图	PC端	800×800、1000×1000	大小不超过3 MB
		移动端	800×800、1000×100	—
	商品详情页	PC端	宽度790，高度不限	根据图片大小定
	单列图片模块	移动端	750×（200～950）	—
	双列图片模块	移动端	351×（100～400）	两张图片高度需一致
	轮播图模块	移动端	750×（200～950）	一组内的图片高度需一致
	左文右图模块	移动端	608×160	—
	多图模块	移动端	300×176	—
直通车	创意主图	PC端	800×800	大小不超过500 KB
		移动端	800×800	大小不超过500 KB
钻展	淘宝首页焦点图右侧banner	PC端	160×120	大小不超过25 KB
	淘宝首页3屏通栏大banner	PC端	375×130	大小不超过34 KB
	天猫精选焦点图	PC端	730×300	大小不超过117 KB
	爱淘宝焦点图	PC端	520×280	大小不超过81 KB
	阿里旺旺-聊天窗口右上角banner-新	PC端	220×52	大小不超过15 KB
	App-新天猫首页焦点图	移动端	640×200	大小不超过150 KB
	淘宝首页2屏右侧大图	PC端	300×250	大小不超过38 KB
	我的淘宝-右侧banner图	PC端	300×125	大小不超过28 KB
	天猫收货成功页-通栏	PC端	990×90	大小不超过53 KB
微淘动态	帖子	PC端、移动端	702×360	—

天猫				
位置		端口	尺寸（像素）	备注
描述	店招	PC端	990×120	不超过100 KB
		移动端	640×200	不超过100 KB
	首页底图	PC端	宽1920，高度不限	大小1 MB以内
	首页图片轮播	PC端	990×（100～600）	—
	首页全屏轮播	PC端	1920×540	—
	商品主图	PC端	800×800、1000×100	第一张主图必须为白底
		移动端	800×800、1000×100	—
	透明素材图	PC端	800×800	PNG格式，大小不超过500 KB，商品居中
	发布新商品填充资料用的	PC端	800×800	需白底图
	商品详情页	PC端	宽790，高度不限	—
		移动端	750×1000	—
	首页单列图片模块	移动端	750×254	—
	首页双列图片模块	移动端	351×（100～400）	—
	首页轮播图模块	移动端	750×（200～950）	—
	首页左文右图模块	移动端	608×160	—
直通车	创意主图	PC端	800×800	大小不超过500 KB
		移动端	800×800	大小不超过500 KB
钻展	淘宝首页焦点图右侧banner	PC端	160×200	大小不超过25 KB
	淘宝首页3屏通栏大banner	PC端	375×130	大小不超过34 KB
	天猫精选焦点图	PC端	730×300	大小不超过117 KB
	爱淘宝焦点图	PC端	520×280	大小不超过81 KB
	阿里旺旺-聊天窗口右上角banner-新	PC端	220×52	大小不超过15 KB
	App-新天猫首页焦点图	移动端	640×200	大小不超过150 KB
	淘宝首页2屏右侧大图	PC端	300×250	大小不超过38 KB
	我的淘宝-右侧banner图	PC端	300×125	大小不超过28 KB
	天猫收货成功页-通栏	PC端	990×90	大小不超过53 KB
品销宝	品牌独秀	PC端	270×235、270×665、1070×180	—
	明星店铺	PC端	1070×180	—

续表

天猫				
位置		端口	尺寸（像素）	备注
品销宝	明星店铺	移动端	375×234	—
微淘动态	帖子	PC端、移动端	702×360	—
商家活动中心	无线通用资源位	移动端	1280×660	大小不超过200 KB
	天猫无线搜索-商家活动（封面图片）	移动端	800×800	—
	天猫无线搜索-商家活动（封面图片2）	移动端	750×388	—

京东				
位置		端口	尺寸（像素）	备注
描述	商品主图	PC端	800×800以上	需要一个单独的PNG格式主图
	商品详情页	PC端	宽750，高度不限	—

实例03 批量修改商品照片尺寸

使用 Photoshop 中的"图像大小"功能可以调整单张图像的大小和分辨率，但是，如果我们需要同时调整多张图像，使用"图像大小"功能逐张调整未免太过烦琐，此时可以使用"图像处理器"进行批量调整。

◎ 素材文件：随书资源\01\素材\04（文件夹）
◎ 最终文件：随书资源\01\源文件\批量修改商品照片尺寸（文件夹）

步骤 01 执行"文件＞脚本＞图像处理器"菜单命令，打开"图像处理器"对话框。

步骤 02 ❶单击"选择要处理的图像"选项组中的"选择文件夹"按钮，❷在打开的对话框中单击选择要处理的素材文件夹。

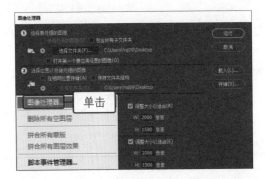

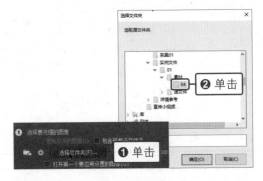

步骤 03 ❶单击"选择位置以存储处理的图像"选项组中的"选择文件夹"按钮，❷在打开的对话框中选择存储图像的文件夹。

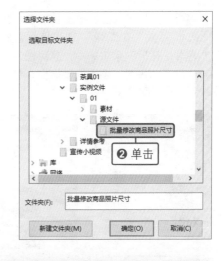

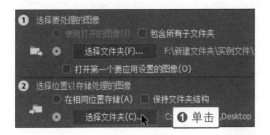

步骤 04 ❶取消勾选"存储为PSD"复选框，❷在"存储为JPEG"下方输入 W 值为 750 像素，❸单击"运行"按钮。

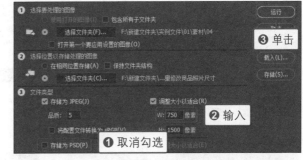

步骤 05 开始文件的批量调整，完成后打开存储处理后图像的文件夹，选中文件可以看到调整后的文件类型和文件大小等属性。

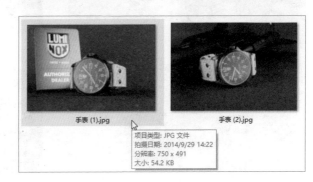

手表 (1).jpg　　　　手表 (2).jpg

项目类型：JPG 文件
拍摄日期：2014/9/29 14:22
分辨率：750 x 491
大小：54.2 KB

实例04 ｜ 自由变换商品图像大小

　　在编辑网店中的图像时，经常需要对素材图像的大小进行调整。在 Photoshop 中，可以应用"自由变换"工具对图像的大小进行调整。

◎ 素材文件：随书资源\01\素材\05.psd、06.jpg、07.jpg
◎ 最终文件：随书资源\01\源文件\自由变换商品图像大小.psd

步骤 01 打开 06.jpg 素材图像，❶使用"矩形选框工具"在图像中创建选区，❷执行"编辑 > 拷贝"菜单命令，拷贝图像，打开 05.psd 素材图像，❸执行"编辑 > 粘贴"菜单命令，粘贴图像。

步骤 02 在"图层"面板中可以看到粘贴的图像被存储到新的"图层 1"图层中，❶执行"编辑 > 自由变换"菜单命令，打开自由变换编辑框，❷将鼠标指针移到图像转角位置，按住 Shift 键向内侧拖动，缩小图像。

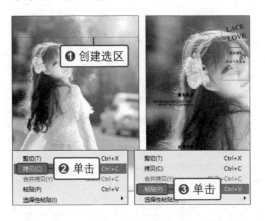

步骤 03 打开 07.jpg 素材图像，使用"矩形选框工具"在图像上创建选区，按下快捷键 Ctrl+C，拷贝图像，打开 05.psd 素材图像，按下快捷键 Ctrl+V，粘贴选区内的图像。

步骤 04 按下快捷键 Ctrl+T，打开自由变换编辑框，将鼠标指针移到编辑框右下角位置，当指针变为双向箭头时，按住 Shift 键并拖动，等比例缩放编辑框中的人物图像。

步骤 05 ❶将缩放后的图像移到合适的位置，再切换到 07.jpg 图像窗口，❷使用"矩形选框工具"在画面中创建选区，按下快捷键 Ctrl+C，复制选区内的图像。

步骤 06 切换到 05.psd 图像窗口，按下快捷键 Ctrl+V，粘贴图像。使用相同的方法复制并粘贴图像，得到"图层 3"和"图层 4"图层，在图像窗口中查看复制的图像效果。

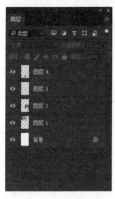

步骤 07 ❶同时选中"图层"面板中的"图层 3"和"图层 4"两个图层，按下快捷键 Ctrl+T，打开自由变换编辑框，❷调整编辑框中的图像，将图像缩放至合适大小。

实例05 ｜ 商品照片的整体旋转

摄影师在拍摄商品时，可能为了照顾镜头的画面感而忽略了取景角度及拍摄角度，这样得到的照片可能因为角度问题，不利于商品主体的展示，因此，在后期处理的时候，需要应用 Photoshop 中的"图像旋转"命令对照片进行一定角度的旋转操作。

◎ 素材文件：随书资源\01\素材\08.jpg
◎ 最终文件：随书资源\01\源文件\商品照片的整体旋转.psd

步骤 01 打开 08.jpg 素材图像，按下快捷键 Ctrl+J，复制图像，生成"图层 1"图层。

步骤 02 执行"图像 > 图像旋转 > 逆时针 90 度"菜单命令，按逆时针方向将图像旋转 90 度，在图像窗口中查看旋转后的效果。

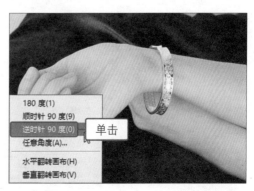

实例06 | 旋转照片中的局部图像

在 Photoshop 中处理商品照片时，除了可以对整个图像进行旋转外，还可以对画面中的部分图像应用旋转。对局部内容进行旋转时，需要先选择要旋转的内容，再执行旋转操作。

◎ 素材文件：随书资源\01\素材\09.jpg
◎ 最终文件：随书资源\01\源文件\旋转照片中的局部图像.psd

步骤 01 打开 09.jpg 素材图像，按下快捷键 Ctrl+J，复制图像，生成"图层 1"图层，单击"背景"图层前的"指示图层可见性"图标，隐藏"背景"图层。

步骤 02 选择"套索工具"，❶在选项栏中设置"羽化"值为 4 像素，❷在画面中单击并拖动，选择需要旋转的图像区域。

技巧提示 执行"羽化"命令进行选区的羽化操作

在图像中创建选区时，若没有设置羽化值，也可以执行"选择 > 修改 > 羽化"菜单命令，打开"羽化选区"对话框，在对话框中输入"羽化半径"来对选区进行羽化编辑。

步骤 03 执行"编辑 > 变换 > 水平翻转"菜单命令，水平翻转选区中的图像，在图像窗口查看图像效果。

步骤 04 ❶执行"编辑 > 变换 > 旋转"菜单命令，显示旋转编辑框，❷将鼠标指针移到编辑框转角位置，单击并拖动，旋转图像。

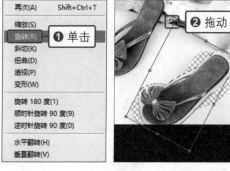

步骤 05 旋转至合适的角度后，按下 Enter 键，应用旋转，然后按下快捷键 Ctrl+D，取消选区，再新建"图层 2"图层。

步骤 06 选择"画笔工具"，❶在选项栏中设置画笔的"不透明度"和"流量"，❷将画笔颜色设置为与背景相近的颜色，在画面中涂抹，填充因旋转图像而产生的透明区域。

实例07 │ 纠正倾斜的商品图像

拍摄商品照片的时候，容易因为各种原因导致拍摄出来的商品图像出现倾斜的情况。在后期处理中，可以结合"拉直工具"和"裁剪工具"校正倾斜的商品图像。

◎ 素材文件：随书资源\01\素材\10.jpg

◎ 最终文件：随书资源\01\源文件\纠正倾斜的商品图像.psd

步骤 01 打开 10.jpg 素材图像，按住"吸管工具"按钮不放，❶在展开的面板中单击选择"标尺工具"，❷沿照片中的书籍装订线单击并拖动，绘制一条水平参考线。

步骤 02 ❶执行"图像 > 图像旋转 > 任意角度"菜单命令，打开"旋转画布"对话框，可以看到拉直图像所需的正确角度已显示在该对话框中，❷直接单击"确定"按钮。

步骤 03 随后软件会根据指定的角度旋转图像。选择"裁剪工具"，在画面中单击并拖动，绘制合适大小的裁剪框，再按下 Enter 键确认裁剪图像。

技巧提示　使用"裁剪工具"裁剪并拉直照片

选择工具箱中的"裁剪工具"，❶单击选项栏中的"拉直"按钮，❷沿水平方向或某个边绘制一条线，如下左图所示，释放鼠标，即可沿着该线拉直倾斜的图像，如下右图所示。

实例08 | 裁剪图像更改画面构图

当我们把相机镜头对着商品时，就要开始考虑整体画面的构图，好的构图可以更完美地展示商品。对于一些构图不理想的商品图像，可以在后期处理的时候，通过裁剪进行二次构图。

◎ 素材文件：随书资源\01\素材\11.jpg

◎ 最终文件：随书资源\01\源文件\裁剪图像更改画面构图.psd

步骤 01 打开 11.jpg 素材图像，选择工具箱中的"裁剪工具"，在画面中单击，显示裁剪框。

步骤 02 ❶在选项栏单击"设置裁剪工具的叠加选项"按钮 ，❷在展开的列表中选择"黄金比例"选项，显示黄金比例裁剪参考线。

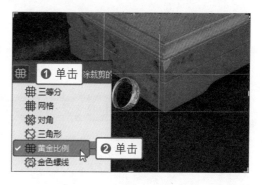

步骤 03 将鼠标指针移到裁剪框边缘位置，单击并拖动鼠标，调整裁剪框，将要展示的戒指置于画面的黄金分割点位置。

步骤 04 单击"裁剪工具"选项栏中的"提交当前裁剪操作"按钮 ，裁剪图像，查看裁剪后的画面构图效果。

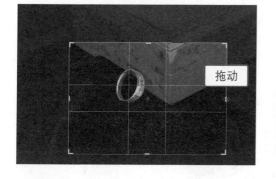

步骤 05 ❶按下快捷键 Ctrl+J，复制图像，生成"图层 1"图层，❷设置混合模式为"滤色"，❸输入"不透明度"为 80%。

步骤 06 添加图层蒙版，选择"渐变工具"，❶在选项栏中设置选项，❷从戒指位置向外侧拖动，创建渐变。

知识扩展　网店商品图像常用的构图方式

　　构图会大大影响画面留给观者的第一印象。杂乱无章的构图难以引起观者的兴趣，好的构图则可以将观者的视线快速吸引到要突出展示的主体上。因此，网店装修中使用的商品图像也要精心设计构图。下面就来介绍几种比较常见的商品图像构图方式。

1. 横式构图

　　横式构图是将商品呈一字排列摆放的构图方式。这种构图方式能够给人一种稳定、可靠的感觉，常用于表现商品的稳固，并给人以安全感，如下左图所示。

2. 竖式构图

　　竖式构图是将商品呈竖向放置或竖向排列的构图方式。这种构图方式可以表现出商品高挑、秀朗的特性，常用于表现有垂直线条或修长外观的商品，可显示出挺拔的力量，如下中图和下右图所示。

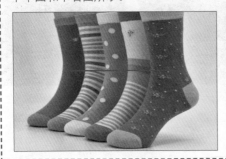

3. 斜线构图

斜线构图是将商品斜向摆放的一种构图方式。斜线构图可使画面呈现活力，更容易突出商品的造型与颜色，如下左图所示。

4. 对称式构图

对称式构图是将商品放置在画面正中，垂直或左右两侧大致对等的一种构图方式，如下右图所示。对称式构图具有平衡、稳定、相呼应的特点，不足之处就是表现呆板、缺少变化。所以，为了避免这种呆板的表现形式，常会在对称中构建一点点的不对称。

5. 井字构图

井字构图就是简化的黄金分割构图，即将画面用两条横线和两条竖线做均匀分割，四条线形成一个井字，这四条线被称为"黄金分割线"，四个相交的点被称为"黄金分割点"。通常把商品主体安排在"黄金分割点"附近，如此既符合大众审美，又能突出要展示的商品，如下左图所示。

6. 三角形构图

三角形构图具有稳定、均衡及灵活等特点。三角形可以是正三角形、倒三角形或斜三角形，在商品照片中最为常用的就是斜三角形，采用此构图方式可使画面充满趣味与活力，如下右图所示。

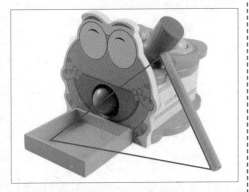

第 2 章
商品图像的修复与修饰

　　拍摄的商品照片中，总会有不尽如人意的地方，如包装上的污迹、商品细节的瑕疵、影响商品展示的多余物件等。如果将这些有瑕疵的照片直接用于网店装修，会大大影响买家正确判断商品的品质。Photoshop 提供了大量用于修复与修饰图像的工具，应用这些工具除了能去除图像中的瑕疵，还能对图像进行适当的美化，提升商品的形象。

实例09 ｜ 去除商品包装盒上的污迹

在某些商品照片中，商品本身是没有任何明显瑕疵的，但是，与商品搭配的包装盒却可能因为保存不当而出现瑕疵，如残缺的边角、毛糙的线头或沾染的污迹等。这些瑕疵会大大降低商品的档次，影响买家对商品品质的判断，因此，在后期处理中，可以使用"污点修复画笔工具"去除这些瑕疵。

◎ 素材文件：随书资源\02\素材\01.jpg

◎ 最终文件：随书资源\02\源文件\去除商品包装盒上的污迹.psd

步骤 01 打开 01.jpg 素材图像，复制"背景"图层，得到"背景 拷贝"图层。

步骤 02 ❶选择工具箱中的"污点修复画笔工具" ，调整画笔至合适的大小，❷将鼠标指针移到包装盒上的污迹位置。

步骤 03 单击鼠标，即可去除单击处的污迹图像，继续使用画笔单击并涂抹污迹。

步骤 04 在单击并涂抹的时候，可以按下键盘中的 [或] 键，调整画笔笔触大小，直到去除包装盒上的所有污迹。

步骤 05 新建"曲线 1"调整图层，打开"属性"面板，在面板中单击并拖动曲线，调整曲线形状，更改图像的明暗效果，使包装盒图像呈现出更干净的状态。

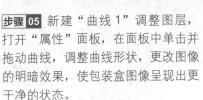

实例10 | 修补商品表面的缺陷

使用玉石类天然材料制作成的商品，其表面难免会随机出现一些缺陷，如麻点、裂缝或划痕等。为了塑造更完美的商品形象，需要在后期处理的时候，使用"仿制图章工具"修复商品表面随机的缺陷，以更好地展示商品细节。

◎ 素材文件：随书资源\02\素材\02.jpg

◎ 最终文件：随书资源\02\源文件\修补商品表面的缺陷.psd

步骤01 打开 02.jpg 素材图像，按下快捷键 Ctrl+J，复制图层，生成"图层 1"图层。

步骤03 将鼠标指针移到裂缝所在位置，单击并涂抹，修复图像。再次按住 Alt 键在另一位置单击，取样图像。

步骤02 ❶选择"仿制图章工具"，❷在选项栏中设置"不透明度"和"流量"，❸按住 Alt 键在裂缝旁边位置单击取样。

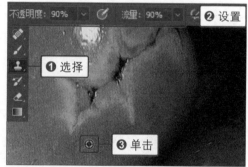

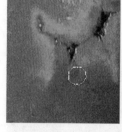
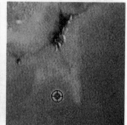

步骤04 继续在珠子的裂缝位置单击并涂抹，修复图像。通过重复使用"仿制图章工具"修复更多的瑕疵，得到完美的商品图像。

实例11 | 去除辅助拍摄物展现商品全貌

在拍摄箱包、衣服等商品时，通常会使用挂钩将其悬挂起来，以完整展现商品，但是挂钩也不可避免地出现在了画面中，破坏了画面的整体美感，因此，在后期处理时，需要去除这些影响画面美感的挂钩。

◎ 素材文件：随书资源\02\素材\03.jpg
◎ 最终文件：随书资源\02\源文件\去除辅助拍摄物展现商品全貌.psd

步骤 01 打开 03.jpg 素材图像，❶按下快捷键 Ctrl+J，复制图像，生成"图层 1"图层，❷使用"磁性套索工具"在包带内侧位置单击并拖动，创建选区。

步骤 02 选择工具箱中的"仿制图章工具"，❶在选项栏中设置"不透明度"和"流量"，❷按住 Alt 键单击以取样图像，❸然后在选中的挂钩图像上单击以仿制图像。

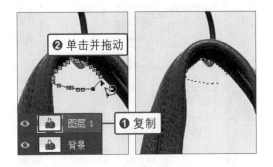

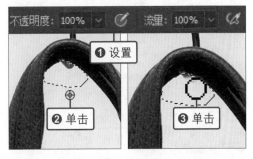

步骤 03 继续使用"仿制图章工具"涂抹，去除选区中的挂钩图像。使用"套索工具"在包带外侧的位置单击并拖动，创建选区。

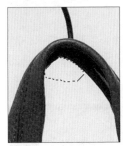

步骤 04 选择"仿制图章工具"，按住 Alt 键不放，在干净的背景位置单击以取样图像，然后在挂钩图像上涂抹，应用取样的图像遮盖住挂钩图像。

实例12 清除摄影棚痕迹

　　在摄影棚中拍摄衣服、箱包、鞋子或一些体积较小的商品时，很有可能将摄影棚的边角或接缝摄入画面。这些元素会直接暴露拍摄的环境，破坏整个画面的美观性。在后期处理时可以将这些多余的元素清除，以获得干净的画面效果。

◎素材文件：随书资源\02\素材\04.jpg

◎最终文件：随书资源\02\源文件\清除摄影棚痕迹.psd

步骤 01 打开 04.jpg 素材图像，选择"背景"图层，将其拖动到"创建新图层"按钮　上，释放鼠标，复制图层，得到"背景 拷贝"图层。

步骤 02 ❶选择工具箱中的"修补工具"　，❷在画面右侧的摄影棚图像周围单击并拖动，创建选区。

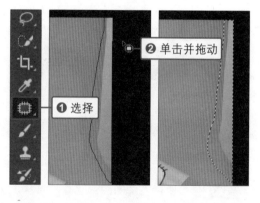

步骤 03 将选区中的图像向左拖动到干净的背景图像上，释放鼠标，应用干净的背景图像替换选区中的图像。

步骤 04 使用"修补工具"在画面左上角的摄影棚图像周围单击并拖动，创建选区。

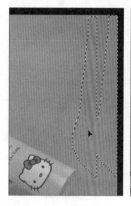

步骤 05 将选区中的图像拖动到画面右侧干净的背景图像上，去除摄影棚痕迹。

步骤 06 继续使用"修补工具"修补图像，去除所有的摄影棚痕迹，在图像窗口中查看图像效果。

步骤 07 新建"色阶 1"调整图层，打开"属性"面板，设置色阶为 0、1.31、255，调整图像的亮度。

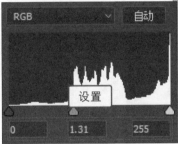

实例13 | 去除商品照片中的拍摄日期

在拍摄商品照片时，可能会因为相机设置不当，使拍摄出来的照片中出现拍摄日期。如果不将其去除，不但会降低商品照片的表现力，而且会给买家留下不专业的印象，影响商品的销售。所以在后期处理的时候，需要使用 Photoshop 中的修复类工具将拍摄日期去除，获得干净、整洁的画面效果。

◎ 素材文件：随书资源\02\素材\05.jpg

◎ 最终文件：随书资源\02\源文件\去除商品照片中的拍摄日期.psd

步骤 01 打开 05.jpg 素材图像，复制"背景"图层，生成"背景 拷贝"图层。

步骤 02 ❶选择工具箱中的"修补工具"，❷在画面中的日期文字周围单击并拖动，创建选区，❸将选区拖动到干净的背景区域上。

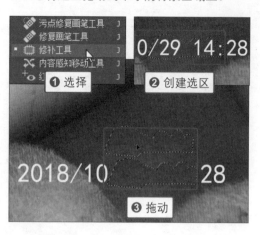

步骤 03 使用"修补工具"继续在画面中创建新的选区，然后将选区拖动至干净的背景上，遮盖日期文字。

步骤 04 ❶选择"仿制图章工具"，❷按住 Alt 键在干净的背景区域单击以取样图像，❸然后在日期文字上拖动鼠标，将其覆盖。

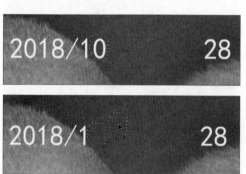

步骤 05 继续结合"修补工具"和"仿制图章工具"去除更多的日期文字，在图像窗口中查看去除后的图像效果。

实例14 | 去除皮肤上的瑕疵

某些商品会通过模特佩戴或穿着的方式进行展示，而模特的自身条件将会直接影响商品形象。很多时候，为了突出表现商品，会进行近距离拍摄，此时模特皮肤上的斑点或痘痘等都会清楚地出现在画面中，在后期处理时，需要使用 Photoshop 中的修复工具将其去除。

◎ 素材文件：随书资源\02\素材\06.jpg

◎ 最终文件：随书资源\02\源文件\去除皮肤上的瑕疵.psd

步骤 01 打开 06.jpg 素材图像，按下快捷键 Ctrl++，放大显示图像，可以看到人物皮肤上明显的斑点。

步骤 02 ❶新建"图层 1"图层，选择"污点修复画笔工具"，❷勾选"对所有图层取样"复选框，❸在斑点位置单击。

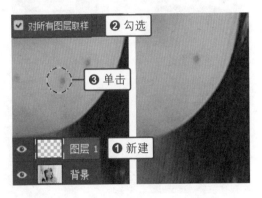

步骤 03 使用"污点修复画笔工具"在人物眼睛下方的头发丝位置单击并拖动，去除皮肤上多余的头发丝。

步骤 04 继续使用相同的方法，在人物皮肤上的其他瑕疵位置单击并拖动，去除更多的瑕疵，得到更干净的皮肤效果。

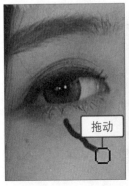

技巧提示 修复皮肤上的大面积瑕疵

　　当模特皮肤的斑点瑕疵问题较严重且覆盖面积太大时，虽然也可以使用常规修复工具去除，但是去除的过程非常烦琐，处理进度慢且效果不好，这时可以使用高反差保留滤镜加计算法，选取皮肤上有瑕疵的区域，再通过曲线调亮加以修复。

　　在"通道"面板中选择并复制对比反差较大的一个颜色通道，如下左图所示。然后执行"滤镜＞其他＞高反差保留"菜单命令，应用默认设置处理图像，将瑕疵与面部的其他区域分开，如下右图所示。

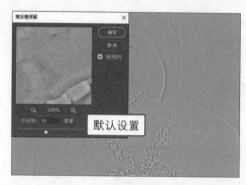

　　接下来执行"图像＞计算"菜单命令，在打开的对话框中设置选项，如下左图所示，加大瑕疵与面部其他区域的明暗反差对比。经过重复计算后，可以看到人物皮肤上较明显的瑕疵部分，如下中图所示。载入通道选区，选择图像，如下右图所示。

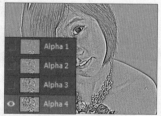

　　按下快捷键 Ctrl+Shift+I，反选选区，即可选中皮肤上的瑕疵部分，应用"曲线"提亮这部分图像，就能得到干净、细腻的皮肤效果，如下图所示。

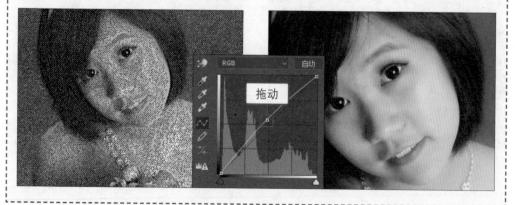

实例15 | 磨皮美白处理

　　为了使画面呈现出更完美的状态，有时还需要对模特进行磨皮和美白处理。磨皮可让模特的皮肤变得平整而光滑，而美白则可让模特的皮肤看起来更加白皙。在Photoshop 中，可以结合"表面模糊"滤镜与调整图层，实现人物图像的磨皮和美白编辑。

◎ 素材文件：随书资源\02\素材\07.jpg
◎ 最终文件：随书资源\02\源文件\磨皮美白处理.psd

步骤 01 打开 07.jpg 素材图像，复制"背景"图层，生成"背景 拷贝"图层。

步骤 02 执行"滤镜 > 模糊 > 表面模糊"菜单命令，在打开的对话框中设置"半径"为9 像素、"阈值"为 9 色阶，模糊图像。

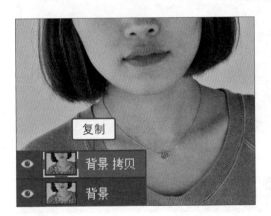

步骤 03 ❶为"背景 拷贝"图层添加图层蒙版，并将蒙版填充为黑色，选择"画笔工具"，❷设置前景色为白色，❸设置"不透明度"和"流量"，❹涂抹皮肤位置。

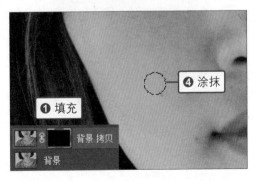

步骤 04 按下键盘中的 [或] 键，调整画笔笔触大小，继续涂抹皮肤位置，对人物进行磨皮，得到光滑的皮肤效果。

步骤 05 新建"曲线 1"调整图层，❶在"属性"面板中单击并向上拖动曲线，❷选择"蓝"选项，❸然后单击并向上拖动曲线。

❷ 选择

❶ 单击并拖动

❸ 单击并拖动

步骤 06 选中"曲线1"图层蒙版，❶在工具箱中设置前景色为黑色，❷使用"画笔工具"涂抹不需要调整的区域。

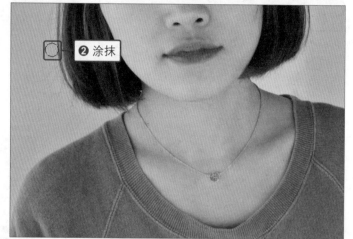

❷ 涂抹

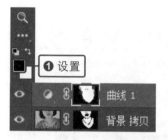

❶ 设置

曲线 1

背景 拷贝

实例16 模特的身形修饰

　　使用模特来展示服装类商品时，影响商品形象塑造的因素除了模特皮肤上的瑕疵外，还有一个很重要的因素就是模特的身形。如果商品照片中模特的身形不够理想，影响了商品的形象，可以应用 Photoshop 中的"液化"滤镜对照片中的模特进行瘦身、丰胸或提臀等修饰处理。

◎ 素材文件：随书资源\02\素材\08.jpg

◎ 最终文件：随书资源\02\源文件\模特的身形修饰.psd

步骤 01 打开 08.jpg 素材图像，❶复制"背景"图层，生成"背景 拷贝"图层，❷执行"滤镜 > 液化"菜单命令。

步骤 02 打开"液化"对话框，❶单击工具栏中的"褶皱工具"按钮，❷在"画笔工具选项"下设置画笔"大小"为600，❸在模特的肚子位置单击，收缩图像。

步骤 03 ❶单击工具栏中的"向前变形工具"按钮，❷在"画笔工具选项"下设置画笔"大小"为200，❸在模特的肚子位置单击并向内侧拖动，收细腰部曲线。

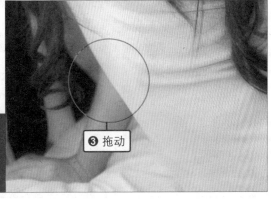

步骤 04 ❶单击"膨胀工具"按钮 ，❷在"画笔工具选项"下设置画笔"大小"为400，❸在胸部位置单击，制作丰胸效果。

步骤 05 继续使用"液化"对话框中的工具修饰模特的身形，完成后在图像窗口中查看编辑后的效果。

技巧提示　人物五官的修饰

　　应用"液化"滤镜不但可以修饰人物的身形，还可以修饰人物的脸形和五官。"液化"滤镜提供的高级人脸识别功能，可自动识别眼睛、鼻子、嘴唇和其他面部特征，我们只需要在相应的选项组中设置参数，就能轻松地对其进行调整，如下图所示。但使用此功能需要先在 Photoshop 首选项中启用图形处理器。

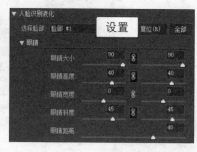

实例17 | 加深/减淡图像彰显闪亮饰品

对于水晶饰品类商品而言，其光泽度的表现尤为重要。当拍摄出来的照片中饰品的光影层次不够理想时，可以使用"加深工具"和"减淡工具"对饰品的局部进行加深和减淡处理，以增强其光泽质感。

◎ 素材文件：随书资源\02\素材\09.jpg
◎ 最终文件：随书资源\02\源文件\加深/减淡图像彰显闪亮饰品.psd

步骤 01 打开 09.jpg 素材图像，按下快捷键 Ctrl+J，复制图层，得到"图层 1"图层。

步骤 02 选择"减淡工具"，❶在选项栏中选择"高光"范围，❷设置"曝光度"为 5%，❸在水晶上涂抹。

步骤 03 按下快捷键 Ctrl+J，复制图层，选择"加深工具"，❶在选项栏中选择"阴影"范围，❷设置"曝光度"为 10%，❸在水晶上涂抹。

步骤 04 创建"亮度 / 对比度 1"调整图层，打开"属性"面板，在面板中设置"亮度"为 20、"对比度"为 10，调整图像，加强对比。

实例18 | 锐化图像使商品变得更清晰

在网店装修中，商品图像的清晰度是最基本、也是最重要的一个问题。如果图像不清晰，买家就不能了解到商品的细节。特别是在对某些商品进行布局展示时，图像清晰与否将直接关系到装修图片的品质。在后期处理的时候，可以应用锐化滤镜对图像进行锐化处理，创建更清晰的画面效果。

◎素材文件：随书资源\02\素材\10.jpg
◎最终文件：随书资源\02\源文件\锐化图像使商品变得更清晰.psd

步骤 01 打开 10.jpg 素材图像，❶选择"套索工具"，设置"羽化"值为 100 像素，❷在图像中创建选区。

步骤 02 按下快捷键 Ctrl+J，复制选区中的图像，在"图层"面板中得到"图层 1"图层，执行"滤镜 > 锐化 > 智能锐化"菜单命令。

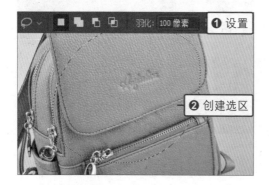

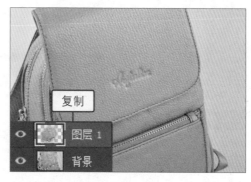

步骤 03 打开"智能锐化"对话框，❶在对话框中设置"数量"为 220%、"半径"为 5 像素、"减少杂色"为 10%，❷输入阴影"渐隐量"为 10%，❸输入高光"渐隐量"为 10%。

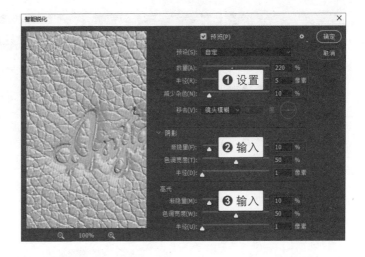

步骤 04 确认设置，在图像窗口中查看应用滤镜锐化后的图像，可以看到包包表面的纹理更加清晰了。单击"添加图层蒙版"按钮，为"图层 1"图层添加蒙版。

步骤 05 选择"画笔工具"，❶在工具箱中设置前景色为黑色，❷在选项栏调整"不透明度"和"流量"，❸使用"画笔工具"在锐化过度的位置涂抹。

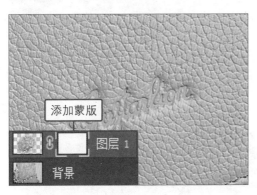

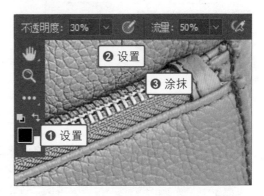

步骤 06 继续使用"画笔工具"在其他锐化过度的区域涂抹，还原涂抹区域的清晰度，在图像窗口中查看编辑后的效果。

知识扩展 淘宝平台上传图片的要求

在淘宝平台上传商品展示图片时，图片大小不能超过 120 KB，并且图像格式必须为 JPG 或 GIF。如果图片大小超过 120 KB，可以在 Photoshop 中执行"存储为 Web 所用格式"命令，再通过设置"品质"选项，将图片大小调整至 120 KB 以内。

实例19 │ 构建景深突出商品形象

如果拍摄商品时，背景较为复杂，容易使拍摄出来的照片层次不清晰，以致商品在画面中不够突出。应用 Photoshop 中的"模糊画廊"滤镜可以为图像模拟出自然的景深效果，以突出需要着重表现的商品。

◎ 素材文件：随书资源\02\素材\11.jpg
◎ 最终文件：随书资源\02\源文件\构建景深突出商品形象.psd

步骤 01 打开 11.jpg 素材图像，❶复制"背景"图层，得到"背景 拷贝"图层，❷执行"滤镜 > 模糊画廊 > 光圈模糊"菜单命令。

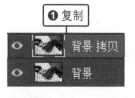

步骤 02 在图像窗口中可以看到光圈中的商品图像保持原本的清晰度，而光圈外的图像显示出逐渐模糊的效果。

步骤 03 ❶单击并拖动调整模糊光圈的大小和位置，❷然后在"模糊工具"面板中设置"模糊"值为 18 像素。

步骤 04 设置完成后单击"确定"按钮，确认设置，应用"光圈模糊"滤镜模糊图像，突出画面中间的钱包图像。

知识扩展　景深效果在商品详情页的应用

　　景深效果在网店装修中主要应用于商品详情页中的商品场景展示和细节展示，通过对图像进行适当的模糊，弱化不需要表现的部分，强化需要重点表现的部分。一些网店在装修时，可能为了节约时间，并未对商品图像应用景深效果，而是直接将拍摄的商品照片应用到页面中，这样容易给买家留下不专业的印象，甚至可能让买家弄不清楚要表现的商品及其卖点。下左图所示为未经过模糊处理应用到详情页中的商品展示效果，墙面背景及旁边的搭配灯光等都被显示在画面中，给人感觉有些凌乱；而下右图则是对图像进行过模糊处理的商品实拍展示，可以看到，画面中的背景和一只鞋子被进行了适当的模糊处理，突出了另一只鞋子，画面主次分明，更有层次感。

第3章
商品图像影调与颜色的处理

　　大多数卖家都不是专业的摄影师，如果没有条件聘请专业摄影师，只有亲自上阵进行商品摄影，所以拍出的照片总是会出现各种各样的问题，最为常见的就是布光不正确导致照片曝光不足或曝光过度，以及白平衡设置错误或使用有色灯光拍摄导致照片偏色等。对于这类照片，可以在后期处理时应用 Photoshop 中的调整功能对影调或颜色问题进行修复，实现更理想的商品展示效果。

实例20 | 曝光不足的商品照片处理

　　如果商品照片存在曝光不理想的问题，可以使用 Photoshop 中的"曝光度"命令调整照片的曝光。"曝光度"命令主要通过模拟相机中的曝光程序来对照片进行二次曝光处理。

◎ 素材文件：随书资源\03\素材\01.jpg
◎ 最终文件：随书资源\03\源文件\曝光不足的商品照片处理.psd

步骤 01 打开 01.jpg 素材图像，打开"调整"面板，单击面板中的"曝光度"按钮■。

步骤 02 创建"曝光度 1"调整图层，❶在打开的"属性"面板中设置"曝光度"为 +3.50，❷输入"灰度系数校正"为 1.15。

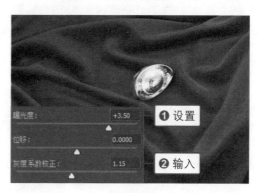

步骤 03 ❶单击工具箱中的"设置前景色"按钮，打开"拾色器（前景色）"对话框，❷设置颜色为 R200、G200、B200。

步骤 04 按下快捷键 Ctrl+Alt+2，载入高光选区，❶单击"曝光度 1"图层蒙版，❷按下 Alt+Delete，将选区填充为灰色。

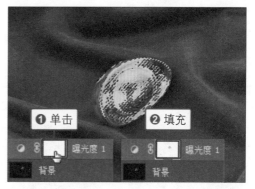

步骤 05 ❶按下快捷键 Ctrl+Shift+Alt+E，盖印图层，执行"滤镜 >Camera Raw 滤镜"菜单命令，❷在打开的对话框中单击"细节"按钮■，❸在展开的面板中设置"颜色"为 50，去除照片中的噪点。

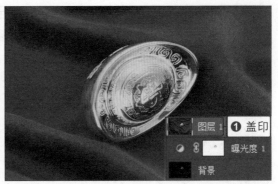

实例21 ｜ 调整灰暗的商品图像

若拍摄商品时光线不足或比较昏暗，拍摄出来的照片会显得灰暗，缺乏吸引力。使用 Photoshop 中的"亮度/对比度"功能可以对图像的亮度和对比度分别进行调整，使图像变得明亮起来。

◎ 素材文件：随书资源\03\素材\02.jpg
◎ 最终文件：随书资源\03\源文件\调整灰暗的商品图像.psd

步骤 01 打开 02.jpg 素材图像，单击"调整"面板中的"亮度/对比度"按钮，在"图层"面板中得到"亮度/对比度 1"调整图层。

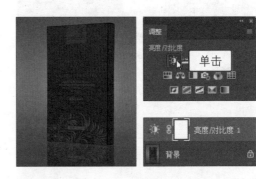

步骤 02 打开"属性"面板，在面板中设置"亮度"为 150、"对比度"为 60，提高整体的亮度和对比度。

步骤 03 选择"椭圆选框工具"，设置"羽化"值为 150 像素，在画面中间创建选区，按下快捷键 Ctrl+Shift+I，反选选区。

步骤 04 单击"调整"面板中的"亮度 / 对比度"按钮，在"图层"面板中得到"亮度 / 对比度 2"调整图层。

步骤 05 打开"属性"面板，在面板中设置"亮度"为 60，应用设置的参数值调整选区内的图像亮度，在图像窗口中查看调整后的效果。

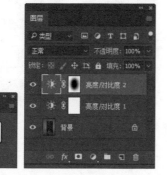

实例22 | 加强对比突出画面层次感

　　除了图像的亮度，图像的层次感对商品展示来讲也非常重要。当图像的层次不理想时，可以使用 Photoshop 中的"色阶"功能加以调整，使图像的阴影区、中间调区和高光区达到相对平衡的状态。

◎ 素材文件：随书资源\03\素材\03.jpg

◎ 最终文件：随书资源\03\源文件\加强对比突出画面层次感.psd

步骤 01 打开 03.jpg 素材图像，单击"调整"面板中的"色阶"按钮，创建"色阶 1"调整图层。

步骤 02 打开"属性"面板，在面板中单击并向左拖动白色的色阶滑块，调整高光区域，使其变得更亮。

步骤 03 在"属性"面板中单击并向右拖动左侧的黑色滑块，调整阴影区域，使阴影部分变得更暗，以加强对比效果。

步骤 04 在"属性"面板中单击并拖动中间的灰色滑块，调整中间调区域，使中间调区域的图像变得更明亮。

步骤 05 ❶按下快捷键 Ctrl+Shift+Alt+E，盖印图层，得到"图层 1"图层，❷设置图层混合模式为"柔光"，❸输入"不透明度"为 40%，进一步增强对比。

实例23 | 自由处理商品图像各区域的亮度

　　如果需要对商品图像中的各区域应用不同的亮度调整，可以使用"曲线"功能来实现。运用"曲线"不但可以调整照片整体的对比度和亮度，还可以对局部区域的亮度进行更精细的调整。

　◎ 素材文件：随书资源\03\素材\04.jpg
　◎ 最终文件：随书资源\03\源文件\自由处理商品图像各区域的亮度.psd

步骤 01 打开 04.jpg 素材图像，单击"调整"面板中的"曲线"按钮▦，创建"曲线 1"调整图层。

步骤 02 打开"属性"面板，在曲线中间位置单击，添加一个曲线控制点，并向上拖动该点，调整图像亮度。

步骤 03 在曲线左下方位置单击,添加第二个曲线控制点,并向上拖动该点,调整图像亮度。

步骤 04 在曲线右上方位置单击,添加第三个曲线控制点,并向下拖动该点,调整图像高光部分的亮度。

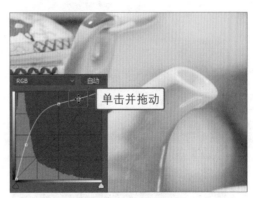

步骤 05 单击"调整"面板中的"曲线"按钮,创建"曲线 2"调整图层,打开"属性"面板,在面板中选择"中对比度(RGB)"选项,调整图像对比度。

实例24 | 修复侧逆光拍摄的商品照片

如果需要修复由强逆光而形成剪影的图片，或者修复由于太接近相机闪光灯而有些发白的焦点，可以使用 Photoshop 中的"阴影/高光"命令。"阴影/高光"命令是根据图像中阴影或高光的像素色调增亮或变暗，分别控制图像的阴影和高光部分的亮度、色调等。

◎ 素材文件：随书资源\03\素材\05.jpg
◎ 最终文件：随书资源\03\源文件\修复侧逆光拍摄的商品照片.psd

步骤 01 打开 05.jpg 素材图像，复制"背景"图层，得到"背景 拷贝"图层。

步骤 02 执行"图像＞调整＞阴影/高光"命令，打开"阴影/高光"对话框，在对话框中勾选"显示更多选项"复选框。

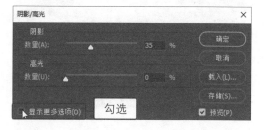

步骤 03 在"阴影"选项组中设置"数量"为 100%、"色调"为 55%、"半径"为 0 像素，修复阴影部分。

步骤 04 在"高光"选项组中设置"数量"为 10%、"色调"为 50%、"半径"为 30 像素，其他参数不变，单击"确定"按钮。

步骤 05 ❶按下快捷键 Ctrl+Shift+ Alt+E，盖印图层，执行"滤镜＞杂色＞减少杂色"菜单命令，打开"减少杂色"对话框，❷设置"强度"为 10，❸输入"减少杂色"为 100%，去除照片中的杂色。

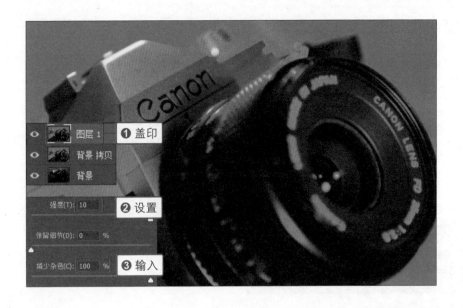

 偏色商品照片的调整

实例25

如果商品照片存在偏色、失真等问题，会导致买家投诉实物和照片不符，继而造成中差评、退换货等，给网店带来经济和信誉的双重损失，因此，在后期处理时必须对偏色问题给予足够的重视。使用 Camera Raw 滤镜中的"白平衡工具"可以轻松校正偏色的照片，使商品图像呈现出自然、真实的状态。

◎ 素材文件：随书资源\03\素材\06.jpg
◎ 最终文件：随书资源\03\源文件\偏色商品照片的调整.psd

步骤 01 打开 06.jpg 素材图像，复制"背景"图层，得到"背景 拷贝"图层。

步骤 02 执行"滤镜 >Camera Raw 滤镜"菜单命令，❶在打开的对话框中单击"白平衡工具"按钮 ，❷在画面中接近白色的位置单击，校正偏色问题。

步骤 03 ❶单击"调整"面板中的"曲线"按钮，创建"曲线1"调整图层，打开"属性"面板，❷在面板中调整曲线形状，提高图像的亮度，得到更明亮的画面效果。

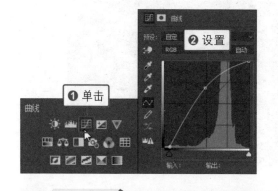

技巧提示　校正偏色的多种方法

在 Photoshop 中，要校正偏色的照片，除了使用"白平衡工具"外，还可以使用"自动颜色"和"色彩平衡"调色命令，如下图所示。"自动颜色"通过搜索图像来标识阴影、中间调和高光，从而调整图像的对比度和颜色；"色彩平衡"通过更改图像的总体颜色混合实现偏色的校正。

实例26 ┃ 加强图像整体的颜色鲜艳度

图像的颜色鲜艳度是影响买家对于商品品质判断的一个重要因素，暗淡的颜色会影响买家的视觉感受，在买家心目中留下不好的印象。对于颜色暗淡的图像，可以使用 Photoshop 中的"自然饱和度"命令进行调整。

◎素材文件：随书资源\03\素材\07.jpg

◎最终文件：随书资源\03\源文件\加强图像整体的颜色鲜艳度.psd

步骤 01 打开 07.jpg 素材图像，按下快捷键 Ctrl+J，复制"背景"图层，得到"图层 1"图层。

步骤 02 执行"图像 > 调整 > 自然饱和度"菜单命令，在打开的对话框中设置"自然饱和度"为 +100、"饱和度"为 +10。

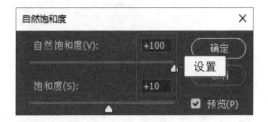

步骤 03 单击"确定"按钮，软件会应用设置的"自然饱和度"和"饱和度"调整图像，在图像窗口中查看调整后的图像效果。

知识扩展　自然饱和度与饱和度

用"自然饱和度"调整图像时可将更多调整应用于不饱和的颜色，并在颜色接近完全饱和时避免颜色修剪；而用"饱和度"调整图像则不会考虑当前饱和度，而将相同的饱和度调整量用于所有的颜色，当参数过大时，容易使图像因过度饱和而出现溢色。

实例27 ｜ 有针对性地调整商品颜色

当一款商品拥有不同颜色的样式时，为了展示不同颜色的商品效果，需要进行多次拍摄。如果要减少拍摄的工作量，可以只拍摄一种颜色的商品，然后通过后期处理，应用 Photoshop 的"色相 / 饱和度"功能对照片中的商品进行调色，调整特定颜色范围的色相、饱和度和亮度，"制造"出不同颜色的商品效果。

◎ 素材文件：随书资源\03\素材\08.jpg

◎ 最终文件：随书资源\03\源文件\有针对性地调整商品颜色.psd

步骤 01 打开 08.jpg 素材图像，单击"调整"面板中的"色相/饱和度"按钮。

步骤 02 打开"属性"面板，❶选择要调整的颜色为"蓝色"，❷设置"色相"为 +141、"饱和度"为 +14。

步骤 03 ❶在"属性"面板中选择调整颜色为"洋红"，❷设置"色相"为 +65、"饱和度"为 +12。

步骤 04 新建"亮度/对比度 1"调整图层，打开"属性"面板，设置"亮度"为 5、"对比度"为 50，调整图像的亮度和对比度。

实例28 改变照片色调打造温暖的画面效果

　　在展示某些特定环境中的商品时，需要改变图像的整体色调，制作特殊的颜色效果。这时可以使用"色彩平衡"功能来进行调整，使图像看起来更暖或更冷。"色彩平衡"根据图像的色调分别对画面中的高光区、中间调区和阴影区进行细致的调整，通过将滑块向需要添加的颜色方向拖动来改变图像的颜色。

◎ 素材文件：随书资源\03\素材\09.jpg
◎ 最终文件：随书资源\03\源文件\改变照片色调打造温暖的画面效果.psd

步骤 01 打开 09.jpg 素材图像，❶复制"背景"图层，得到"背景 拷贝"图层，❷设置图层混合模式为"滤色"，❸输入"不透明度"为 80%。

步骤 02 ❶单击"调整"面板中的"色彩平衡"按钮，❷在打开的"属性"面板中设置颜色为 +57、0、-50。

步骤 03 ❶选择"色调"为"阴影"，❷设置颜色为 +11、0、0，增强阴影部分的红色。

步骤 04 ❶选择"色调"为"高光"，❷设置颜色为 +20、0、0，增强高光部分的红色。

步骤 05 新建"曲线 1"调整图层，打开"属性"面板，在"预设"下拉列表中选择"较亮（RGB）"选项。

步骤 06 单击"调整"面板中的"色彩平衡"按钮，在"图层"面板中得到"色彩平衡 2"调整图层。

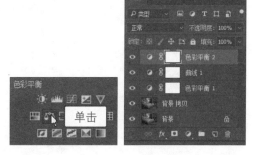

步骤 07 打开"属性"面板，在面板中设置颜色为 15、0、0，向中间调部分增强红色，创建暖色调画面效果。

实例29 | 调整商品照片局部颜色

如果只需要对商品照片的局部颜色进行调整，可以使用 Photoshop 中的"可选颜色"功能。"可选颜色"可以选择性修改图像中的红色、黄色和绿色等任何主要颜色中的印刷色数量，而不影响其他的颜色。

◎ 素材文件：随书资源\03\素材\10.jpg
◎ 最终文件：随书资源\03\源文件\调整商品照片局部颜色.psd

步骤 01 打开 10.jpg 素材图像，新建"色阶 1"调整图层，打开"属性"面板，设置色阶为 0、1.90、200。

步骤 02 ❶单击"调整"面板中的"可选颜色"按钮■，打开"属性"面板，❷在面板中设置颜色比为 -60%、+50%、+15%、+48%。

步骤 03 ❶选择"颜色"为"黄色"，❷设置颜色比为 -34%、-9%、+7%、+7%，❸单击"绝对"单选按钮。

步骤 04 在图像窗口中可看到色泽更诱人的饼干，按下快捷键 Ctrl+Shift+Alt+E，盖印图层。

步骤 05 执行"选择＞色彩范围"菜单命令，❶设置"颜色容差"值为 127，❷使用"添加到取样"工具单击饼干位置。

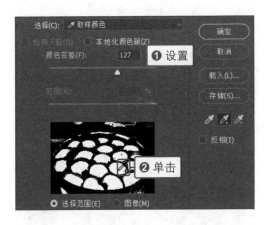

步骤 06 根据设置的选择范围创建选区，新建"亮度 / 对比度 1"调整图层，打开"属性"面板，设置"对比度"为 30，调整对比效果。

实例30　创建黑白商品效果图

相较于彩色照片，黑白照片虽然看起来有些单调，但是这样的单调可以给人留下单纯、朴实和朴素的印象。将黑白效果用在商品照片中，更能突显商品的高雅和时尚。使用 Photoshop 中的"黑白"功能可以快速创建质感较强的黑白照片效果。

◎ 素材文件：随书资源\03\素材\11.jpg

◎ 最终文件：随书资源\03\源文件\创建黑白商品效果图.psd

步骤 01 打开 11.jpg 素材图像，复制"背景"图层，得到"背景 拷贝"图层。

步骤 02 执行"图像 > 调整 > 黑白"菜单命令，打开"黑白"对话框，在对话框中单击"自动"按钮。

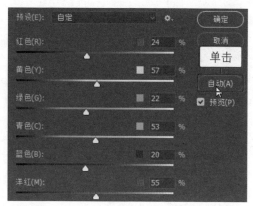

步骤 03 在图像窗口中查看转换为黑白效果的图像，按下快捷键 Ctrl+Shift+ Alt+E，盖印图层。

步骤 04 执行"滤镜 > 锐化 >USM 锐化"菜单命令，设置"数量"为 50%、"半径"为 5 像素、"阈值"为 2 色阶。

步骤 05 新建"色阶 1"调整图层，打开"属性"面板，在面板中的"预设"下拉列表中选择"增加对比度 2"选项，增强对比效果。

实例31 | 商品照片批量调色

在网店装修过程中，常常需要对同类商品的大量照片进行相同的调色操作。为了提高工作效率，可以应用 Photoshop 中的"批处理"功能，先将调整的过程创建为一个新动作，再执行批处理操作，应用创建的动作快速完成照片的批量调色。

◎ 素材文件：随书资源\03\素材\12.jpg、13（文件夹）
◎ 最终文件：随书资源\03\源文件\商品照片批量调色（文件夹）

步骤 01 打开 12.jpg 素材图像，打开"动作"面板，单击"创建新组"按钮■。

步骤 02 打开"新建组"对话框，❶在对话框中输入动作组名称，❷然后单击"确定"按钮，创建动作组。

步骤 03 ❶在"动作"面板中选中新创建的动作组，❷单击面板下方的"创建新动作"按钮■。

步骤 04 打开"新建动作"对话框，❶在对话框中输入要创建的动作名称，❷输入后单击"记录"按钮。

步骤 05 单击"调整"面板中的"曲线"按钮，新建"曲线 1"调整图层。

步骤 06 打开"属性"面板，在面板中的曲线中间位置单击添加一个曲线控制点，再向上拖动该点，提亮图像。

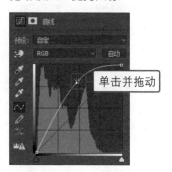

单击并拖动

步骤 07 新建"亮度/对比度1"调整图层，打开"属性"面板，设置"亮度"为20、"对比度"为30。

| 亮度： | 20 |
| 对比度： | 30 |

设置

步骤 08 执行"文件 > 存储为"菜单命令，❶在打开的对话框中设置存储位置，❷单击"保存"按钮，存储图像。

❶ 设置

❷ 单击

步骤 09 返回"动作"面板，单击面板中的"停止播放/记录"按钮，停止动作的记录操作，然后执行"文件 > 自动 > 批处理"菜单命令。

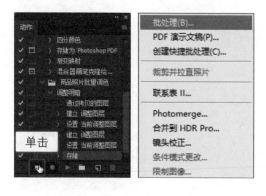

单击

步骤 10 打开"批处理"对话框，❶单击"源"选项组中的"选择"按钮，打开"浏览文件夹"对话框，❷在对话框中选择需要处理的素材文件夹。

步骤 11 ❶勾选"目标"选项组下的"覆盖动作中的'存储为'命令"复选框，❷单击"选择"按钮，❸在打开的"浏览文件夹"对话框中选择存储处理后图像的文件夹。

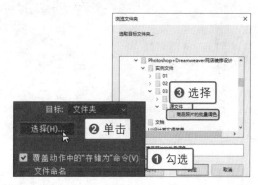

步骤 12 完成设置后单击"确定"按钮，开始文件的批处理操作，在选择的目标文件夹中查看批处理后的图像效果。

12.psd

饰品 1.psd

饰品 2.psd

饰品 3.psd

第4章
商品图像的抠取与合成

　　进行网店装修时，大多数情况下需要进行图像的抠取和合成处理，即将素材图像中的商品部分抠取出来，然后根据应用场景，将其合成到不同的背景中，制作成商品主图、直通车广告图、欢迎模块、商品分类导航等。Photoshop 提供了许多用于抠取和合成图像的工具，根据素材图像中的商品外形或颜色特性选择合适的工具，可以大大提高工作效率。

实例32 │ 纯色背景中的商品抠取

对于在纯色背景中拍摄的商品照片，在后期处理时，可以使用"魔棒工具"快速抠出商品图像。

◎ 素材文件：随书资源\04\素材\01.jpg
◎ 最终文件：随书资源\04\源文件\纯色背景中的商品抠取.psd

步骤01 打开 01.jpg 素材图像，❶选择工具箱中的"魔棒工具"，❷在选项栏中设置"容差"值为 20。

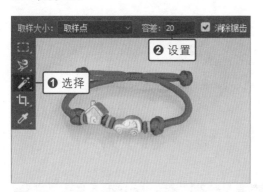

步骤02 将鼠标指针移到手链中间的背景位置，单击鼠标，根据鼠标单击位置的颜色，创建选区，选择颜色相似的区域。

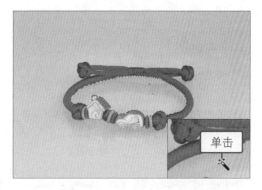

步骤03 单击"魔棒工具"选项栏中的"添加到选区"按钮，继续在未选中的背景区域单击，选中除手链外的所有图像。

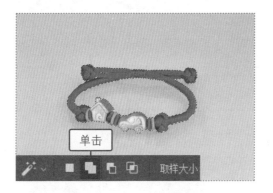

步骤04 执行"选择 > 反选"菜单命令，或按下快捷键 Ctrl+Shift+I，反选选区，选中手链部分。

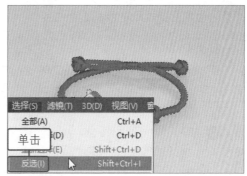

步骤05 执行"选择 > 修改 > 收缩"菜单命令，打开"收缩选区"对话框，❶在对话框中输入"收缩量"为 1 像素，❷单击"确定"按钮，收缩选区。

步骤06 按下快捷键 Ctrl+J，复制选区中的图像，在"图层"面板中得到"图层 1"图层。

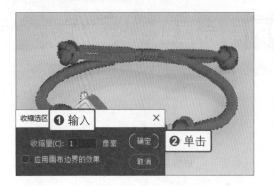

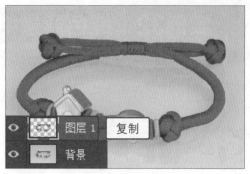

步骤 07 选择"裁剪工具"，❶选择"1:1（方形）"选项，裁剪图像，❷在"图层 1"下方创建新图层并填充为白色，❸最后添加店铺徽标完善效果。

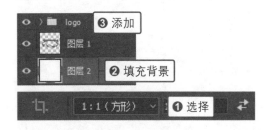

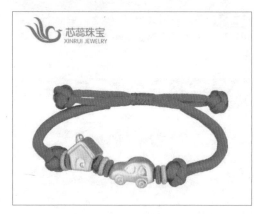

 实例33 | 外形规则的商品抠取

　　对于一些外形较规则的商品，如矩形或圆形的商品，可以使用 Photoshop 中的选框工具来快速抠取，并且可以利用"变换选区"命令进一步调整选区，使选区更精确地贴合要抠取的商品图像边缘。

　　◎素材文件：随书资源\04\素材\02.jpg、03.jpg
　　◎最终文件：随书资源\04\源文件\外形规则商品的抠取.psd

步骤 01 打开 02.jpg 素材图像，使用"矩形选框工具"沿面膜图像边缘绘制选区，执行"选择 > 变换选区"菜单命令，显示变换编辑框。

步骤 02 右击编辑框中的图像，❶在弹出的快捷菜单中执行"变形"命令，❷单击并拖动变形编辑框。

步骤 03 继续拖动变形编辑框，使选区边缘与面膜图像边缘重合，按下 Enter 键应用变形效果。按下快捷键 Ctrl+J，复制选区中的图像，得到"图层 1"图层，隐藏"背景"图层，查看抠出的面膜图像。

步骤 04 按下快捷键 Ctrl+J，复制两个图层，得到"图层 1 拷贝"和"图层 1 拷贝 2"图层，设置这两个图层的混合模式为"滤色"、"不透明度"为 50%，提亮抠出的面膜图像。

步骤 05 盖印"图层 1"至"图层 1 拷贝 2"图层，得到"图层 2"图层，❶使用"矩形选框工具"在面膜中间创建选区，❷按下快捷键 Ctrl+J，得到"图层 3"图层，❸设置混合模式为"滤色"、"不透明度"为 40%。

步骤 06 双击"图层 3"图层缩览图，打开"图层样式"对话框，在对话框左侧单击"内阴影"样式，并在右侧设置样式选项。

步骤 07 打开 03.jpg 水花图像，复制到抠出的面膜图像下方，创建图层蒙版，隐藏多余图像，调整其颜色，制作成商品广告图。

实例34 | 多边形外观的商品抠取

商品的包装盒大多数为比较工整的多边形，对于这类商品图像，我们可以使用
Photoshop 中的"多边形套索工具"快速地抠取出来。应用"多边形套索工具"抠
取图像时，通过简单的单击操作就能轻松选中需要的区域。

◎ 素材文件：随书资源\04\素材\04.jpg

◎ 最终文件：随书资源\04\源文件\多边形外观的商品抠取.psd

步骤 01 打开 04.jpg 素材图像，❶选择工具
箱中的"多边形套索工具" ❷将鼠标指
针移到图像中的包装盒边缘位置单击。

步骤 02 沿着包装盒轮廓单击鼠标，当终点
与起点重合时，单击鼠标，创建选区，选中
包装盒。

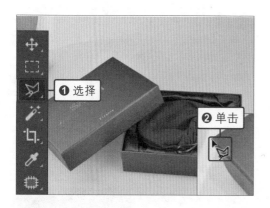

步骤 03 基于选区创建图层
蒙版，抠出包装盒图像。
在抠出的图像下方创建"图
层 1"和"图层 2"图层，
分别填充为灰色和白色，
制作出边框效果，完成商
品包装效果展示图的制作。

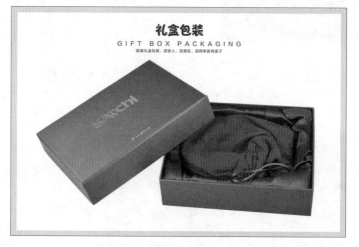

实例35 | 颜色反差较大的商品抠取

当需要抠取的商品边缘比较清晰，且与背景颜色反差较大时，适合使用Photoshop 中的"磁性套索工具"来完成商品图像的抠取。使用"磁性套索工具"时，可以通过调整其选项栏中的"宽度""对比度""频率"这几个选项，控制抠取图像的精细度。

◎ 素材文件：随书资源\03\素材\05.jpg、06.jpg
◎ 最终文件：随书资源\03\源文件\颜色反差较大的商品抠取.psd

步骤01 打开 05.jpg 素材图像，❶选择工具箱中的"磁性套索工具" ，❷在选项栏中设置选项。

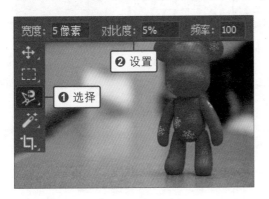

步骤02 沿着玩偶图像边缘单击并拖动鼠标，Photoshop 将自动沿对比边缘生成路径，当拖动的终点与起点重合时，单击创建选区。

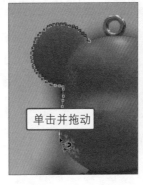

步骤03 ❶单击选项栏中的"从选区中减去"按钮 ，将鼠标指针移到玩偶吊环中间的背景区域，❷单击并拖动鼠标，创建选区，从原选区中减去新选区。

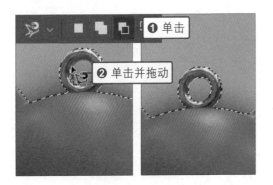

步骤04 执行"选择>修改>羽化"菜单命令，打开"羽化选区"对话框，❶设置"羽化半径"为 1 像素，❷单击"确定"按钮，羽化选区，按下快捷键 Ctrl+J，抠出图像。

步骤 05 打开 06.jpg 玩偶侧面图像，将其复制到抠出的图像上方，得到"图层2"图层，使用相同的方法抠出玩偶部分，通过调整图像颜色和明暗，制作成商品角度展示图。

实例36 **精细抠取任意外形商品图像**

　　前面介绍的方法简单、快捷，但对商品图像的颜色或外形有一定要求，并且抠取的图像边缘可能会存在平滑度不够、有锯齿等问题，不适合用于制作较大画幅的欢迎模块或海报。而使用"钢笔工具"则能抠取任意外形的商品图像，并且抠取的精细度也很高。

◎素材文件：随书资源\04\素材\07.jpg、08.psd

◎最终文件：随书资源\04\源文件\精细抠取任意外形商品图像.psd

步骤 01 打开 07.jpg 素材图像，❶选择工具箱中的"钢笔工具"，❷在选项栏中选择"路径"工具模式。

步骤 02 ❶在鞋子边缘位置单击，添加第一个路径锚点，将鼠标指针移到鞋子边缘另一位置，❷单击并拖动，创建曲线路径和锚点。

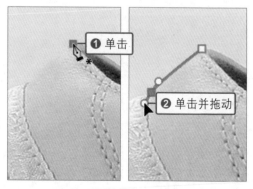

步骤 03 按住 Alt 键不放，单击添加的第二个路径锚点，转换锚点类型。

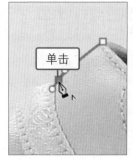 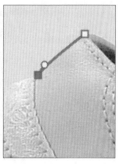

> **技巧提示**　**转换路径上的锚点类型**
>
> 　　在 Photoshop 中，要转换锚点类型，也可以选择工具箱中的"转换点工具"，单击需要转换的锚点。

步骤 04 继续使用相同的方法，沿着画面中的鞋子外形轮廓单击并拖动鼠标，绘制路径效果。

步骤 05 ❶单击选项栏中的"路径操作"按钮，❷在展开的列表中单击"排除重叠形状"选项，❸在鞋子中间的背景位置绘制路径。

步骤 06 按下快捷键 Ctrl+Enter，将绘制的工作路径转换为选区，单击"图层"面板中的"添加图层蒙版"按钮，添加蒙版。

步骤 07 打开 08.psd 素材图像，将抠出的鞋子图像复制到画面中，调整至合适大小，得到全屏广告图效果。

实例37 | 抠出半透明质感的商品

如果要抠取的是具有一定透明特性的商品图像，用单一的方法是无法彻底抠出来的，而需要分析图像后结合多种抠图技法，才能将半透明的部分图像完整保留下来，使抠出的商品呈现更自然的状态。

◎ 素材文件：随书资源\04\素材\08.jpg、09.jpg

◎ 最终文件：随书资源\04\源文件\抠出半透明质感的商品.psd

步骤 01 打开 08.jpg 素材图像，选择工具箱中的"钢笔工具"，沿着商品图像边缘单击并拖动，绘制路径。

步骤 02 按下快捷键 Ctrl+Enter，将路径转换为选区，按下快捷键 Ctrl+J，复制选区内的图像，得到"图层1"图层，隐藏"背景"图层，查看抠出的图像。

步骤 03 ❶设置前景色为黑色，❷单击"图层"面板中的"创建新图层"按钮，新建"图层2"图层，按下快捷键 Alt+Delete，将图层填充为黑色。

步骤 04 切换至"通道"面板，查看通道中的图像，选择并复制明暗反差较大的"蓝"通道，得到"蓝 拷贝"通道。

步骤 05 执行"图像 > 调整 > 色阶"菜单命令，打开"色阶"对话框，选择"增加对比度 3"选项，加强对比效果。

步骤 06 单击"通道"面板中的"将通道作为选区载入"按钮，将"蓝 拷贝"通道中的图像作为选区载入。

步骤 07 按下快捷键 Ctrl+Shift+I，反选选区，选中"图层 1"图层，单击"图层"面板底部的"添加图层蒙版"按钮，添加蒙版。

步骤 08 单击"图层 1"图层蒙版，❶设置前景色为白色，选择"画笔工具"，❷调整画笔"不透明度"和"流量"，❸在瓶子中间和瓶盖等位置涂抹，显示更完整的商品图像。

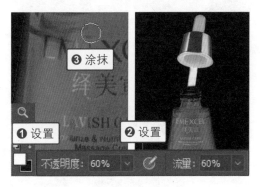

步骤 09 打开 09.jpg 图像，将其复制到抠出的图像下方，❶创建"渐变填充 1"填充图层，❷设置混合模式为"滤色"，统一画面色调风格。

技巧提示 | 多种方法载入通道选区

在 Photoshop 中，载入通道选区有多种方法，可通过单击"将通道作为选区载入"按钮载入，也可按住 Ctrl 键不放，单击"通道"面板中的通道缩览图来载入。

实例38 | 特定颜色区域的抠取

当需要抠取商品照片中特定的颜色区域时，可以使用"色彩范围"命令来快速完成。"色彩范围"命令可以根据图像的颜色和影调范围创建选区，并且提供了较多的控制选项，具有很高的精准度。

◎ 素材文件：随书资源\04\素材\10.jpg
◎ 最终文件：随书资源\04\源文件\特定颜色区域的抠取.psd

步骤 01 打开 10.jpg 素材图像，执行"选择>色彩范围"菜单命令，以打开"色彩范围"对话框。

步骤 03 单击"确定"按钮，根据设置的选择范围创建选区，选中蓝色的鞋面部分，在图像窗口中查看选中的图像。

步骤 02 ❶在对话框中设置"颜色容差"值为70，❷单击"添加到取样"按钮，❸在蓝色的鞋面位置连续单击，设置选择范围。

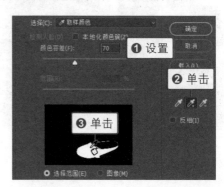

步骤 04 选择工具箱中的"套索工具"，❶在选项栏中单击"添加到选区"按钮，❷在鞋面未选中的区域周围单击并拖动，扩展选区。

步骤 05 继续使用"套索工具"对选区加以调整，直到鞋子上蓝色的区域都添加到选区中，按下快捷键 Ctrl+J，复制选区中的图像，得到"图层 1"图层。

步骤 06 使用"钢笔工具"抠取完整的鞋子图像，得到"图层 2"图层，选择并调整"图层 1"和"图层 2"图层中的图像。

步骤 07 按下快捷键 Ctrl+J，复制出更多的鞋子图像，载入图层选区，使用调整图层调整选区中图像的颜色，以展示不同颜色的鞋子效果。

实例39 | 制作白底效果的商品图像

　　网店中的商品在参与电商平台组织的某些特殊营销活动时，电商平台会要求卖家上传白底图。白底图就是白色背景的商品展示图，这种风格的图片能够突出商品，使其呈现出干净清爽的效果。在 Photoshop 中，可以通过抠取图像轻松创建白底图效果。

◎素材文件：随书资源\04\素材\11.jpg
◎最终文件：随书资源\04\源文件\制作白底效果的商品图像.psd

步骤 01 打开 11.jpg 素材图像，选择工具箱中的"钢笔工具"，沿着画面中的皮带边缘绘制路径，绘制完成后按下快捷键 Ctrl+Enter，将路径转换为选区。

步骤 02 按下快捷键 Ctrl+J，复制选区中的图像，得到"图层 1"图层，隐藏"背景"图层，查看抠出的皮带图像。

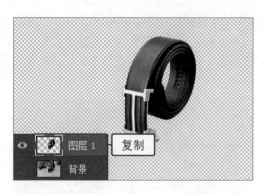

步骤 03 ❶设置前景色为白色，❷在"图层1"下方创建"图层2"图层，按下快捷键Alt+Delete，将背景填充为白色。

步骤 04 选择"钢笔工具"，❶在选项栏中选择"形状"工具模式，设置要绘制图形的填充颜色，❷在皮带下方绘制灰色图形，❸执行"滤镜 > 模糊 > 高斯模糊"菜单命令。

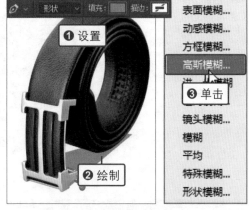

步骤 05 打开"高斯模糊"对话框，❶设置"半径"为8像素，模糊图像，选择"裁剪工具"，❷在选项栏中选择"1：1（方形）"选项，绘制裁剪框，裁剪图像。

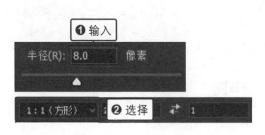

知识扩展　手机淘宝商品白底图制作规范

在手机淘宝中使用的白底图的制作规范如下。

❶ 图片比例要求为正方形，尺寸必须为 800 像素 ×800 像素，图片格式要求为 JPG 格式，大小要求为大于 38 KB、小于 300 KB；

❷ 背景必须为纯白底，需要将素材抠图，边缘处理干净，无阴影，不能有多余的背景、线条等未处理干净的元素；

❸ 无徽标、水印、文字和拼接等；

❹ 图片中不能有模特，必须是平铺或挂拍，不可出现衣架和商品吊牌等；

❺ 商品需要正面展现，不要侧面或背景展现，主体不要左右倾斜；

❻ 图片美观度高，品质感强，商品展现尽量平整，不要有褶皱；

❼ 构图明快简洁，商品主体清晰、明确且突出，要居中放置；

❽ 每张图中只能有一个主体，不可出现多个相同主体；

❾ 商品主体必须展示完整，展现比例不要过小，商品主体要大于 300 像素 ×300 像素。

实例40 | 合成商品海报

在网店装修中，如果需要为网店中的商品制作海报，通常都需要通过后期合成的方式来完成。在 Photoshop 中，可以使用矢量蒙版创建无损的图像合成效果，即先用矢量工具绘制路径，再根据绘制的路径创建矢量蒙版，隐藏多余的素材图像，合成出新的图像效果。

◎ 素材文件：随书资源\04\素材\12.jpg～14.jpg、15.psd、16.jpg
◎ 最终文件：随书资源\04\源文件\合成商品海报.psd

步骤 01 打开 12.jpg 素材图像，执行"文件 > 置入嵌入对象"菜单命令，将 13.jpg 素材图像置入到新的背景中。

步骤 02 ❶使用"钢笔工具"沿着画面中的化妆品边缘绘制路径，❷执行"图层 > 矢量蒙版 > 当前路径"菜单命令，创建矢量蒙版，将商品图像拼合到背景中。

步骤 03 执行"文件 > 置入嵌入对象"菜单命令，将 14.jpg 素材图像置入到新的背景中。

步骤 04 ❶使用"钢笔工具"沿着商品图像边缘绘制路径，❷执行"图层 > 矢量蒙版 > 当前路径"菜单命令，创建矢量蒙版。

步骤 05 ❶按住 Ctrl 键不放，单击"14"智能对象图层的蒙版缩览图，载入选区，新建"曲线 1"调整图层，打开"属性"面板，❷在面板中单击并向上拖动曲线，提亮图像，统一商品影调。

步骤 06 ❶盖印"13""曲线 1""14"图层，得到"14（合并）"图层，❷执行"编辑 > 变换 > 垂直翻转"菜单命令，翻转图像，❸将翻转后的图像移到合适的位置。

步骤 07 ❶单击"添加图层蒙版"按钮，为"14（合并）"图层添加蒙版，选择"渐变工具"，❷在选项栏中选择"黑，白渐变"，❸从图像下方往上拖动，创建渐变。

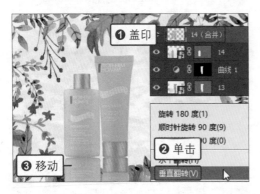

步骤 08 执行"文件 > 置入嵌入对象"菜单命令，将 15.psd 和 16.jpg 素材图像置入到画面中，分别将文字和蝴蝶调整至合适的大小和位置。

步骤 09 ❶选择工具箱中的"魔棒工具"，在选项栏中设置"容差"值为 25，❷取消"连续"复选框的勾选状态，❸在蝴蝶后方的白色背景位置单击，创建选区。

步骤 10 ❶执行"选择 > 反选"菜单命令，反选选区，❷单击"图层"面板中的"添加图层蒙版"按钮，添加蒙版，隐藏白色的背景部分，显示中间的蝴蝶图像。

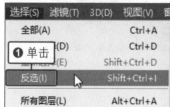

步骤 11 ❶按下快捷键 Ctrl+J，复制两个图层，调整图层中图像的位置和角度，将"16 拷贝"图层移到"背景"图层上方，❷最后编辑蒙版，隐藏多余的蝴蝶图像。

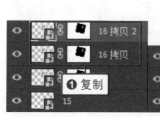

实例41 | 合成商品卖点展示图

　　商品卖点展示图是商品详情页必备的一个模块。应用 Photoshop 中的剪贴蒙版可以轻松地将多张图像合并到一个画面中，以清晰、直观的方式展示商品的特色卖点，更有效地打动买家。

◎ 素材文件：随书资源\04\素材\17.jpg～21.jpg

◎ 最终文件：随书资源\04\源文件\合成商品卖点展示图.psd

步骤 01 打开 17.jpg 素材图像，复制"背景"图层，得到"背景 拷贝"图层。

步骤 02 选择工具箱中的"钢笔工具"，沿猕猴桃图像绘制路径，按下快捷键 Ctrl+Enter，将路径转换为选区。

步骤 03 ❶单击"图层"面板中的"添加图层蒙版"按钮，隐藏选区外的图像，将抠出的猕猴桃图像调整至合适的大小和位置，❷在"背景"图层上方新建"图层 1"图层。

步骤 04 ❶设置前景色为 R253、G251、B213，背景色为 R155、G192、B35，选择"渐变工具"，❷选择"前景色到背景色渐变"，❸单击"径向渐变"按钮，❹拖动填充渐变。

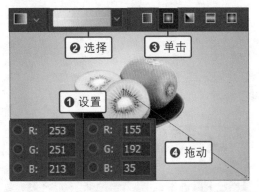

步骤 05 选择"钢笔工具"，❶在选项栏中设置图形的描边颜色和粗细值，❷在画面中绘制多个线条图案。

步骤 06 选择"椭圆工具"，❶在选项栏中设置填充和描边颜色，❷按住 Shift 键不放，单击并拖动鼠标，绘制正圆形图形。

步骤 07 连续按下快捷键 Ctrl+J，复制几个圆形，分别选中复制的圆形，将其移到合适的位置。

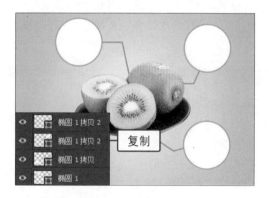

步骤 08 执行"文件 > 置入嵌入对象"菜单命令，将 18.jpg 素材图像置入到"椭圆 1"图形上方，将图像调整至合适的大小。

步骤 09 执行"图层 > 创建剪贴蒙版"菜单命令，创建剪贴蒙版，将圆形外的商品图像隐藏起来。

步骤 10 执行"文件 > 置入嵌入对象"菜单命令，将 19.jpg ～ 21.jpg 素材图像置入到画面中，分别移到不同的圆形上方。

步骤 11 采用相同的操作方法，执行"图层 > 创建剪贴蒙版"菜单命令，创建剪贴蒙版，拼合图像，制作出商品卖点展示图。

实例42 合成直通车广告图

直通车是淘宝网提供的营销工具，它能将卖家提供的广告图展示在商品搜索结果页面的右侧和底部，实现商品的精准推广。在 Photoshop 中，通过创建图层蒙版，并结合"画笔工具"或"渐变工具"编辑蒙版，可以轻松合成漂亮的直通车广告图。

◎ 素材文件：随书资源\04\素材\22.jpg～25.jpg

◎ 最终文件：随书资源\04\源文件\合成直通车广告图.psd

步骤 01 打开 22.jpg 素材图像，选择"裁剪工具"，❶在选项栏中选择"1:1（方形）"选项，❷创建裁剪框，裁剪图像。

步骤 02 使用"矩形选框工具"创建选区，❶执行"选择 > 修改 > 羽化"菜单命令，❷打开"羽化选区"对话框，设置"羽化半径"为 150像素，❸单击"确定"按钮，羽化选区。

步骤 03 ❶按下快捷键 Ctrl+J，复制选区中的图像，得到"图层 1"图层，❷设置图层混合模式为"滤色"。

步骤 04 按下快捷键 Ctrl+J，复制"图层 1"图层，得到"图层 1 拷贝"图层，进一步提亮图像。

步骤 05 新建"曲线 1"调整图层，打开"属性"面板，在面板中单击并拖动曲线，提亮图像。

步骤 06 执行"文件 > 置入嵌入对象"菜单命令，将 23.jpg 素材图像置入到画面中，将其调整至合适的大小和位置。

步骤 07 为"23"智能对象图层添加图层蒙版，选择"渐变工具"，❶在选项栏中选择"黑，白渐变"，❷从图像上方往下拖动，创建渐隐的图像效果。

步骤 08 选择"画笔工具"，❶在画笔预设选取器中单击"柔边圆"画笔，❷设置前景色为白色，单击"23"图层的蒙版缩览图，❸使用画笔涂抹，显示相应的图像区域。

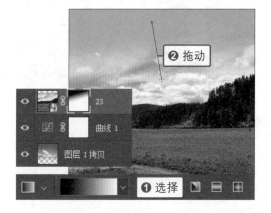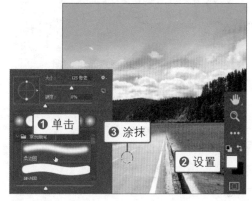

步骤 09 选择"多边形套索工具"，❶在选项栏中设置"羽化"值为 100 像素，❷在画面右下角位置连续单击，创建选区，❸单击"23"图层蒙版缩览图，按下快捷键 Alt+Delete，将选区填充为黑色。

步骤 10 ❶按住 Ctrl 键不放，单击"23"图层蒙版缩览图，载入蒙版选区，新建"色阶 1"调整图层，❷打开"属性"面板，在面板中设置色阶为 0、1.86、255，调整中间调区域的图像亮度。

步骤 11 新建"色相/饱和度 1"调整图层，打开"属性"面板，❶选择"黄色"，❷设置"色相"为 -3、"饱和度"为 +34，❸选择"绿色"，❹设置"色相"为 -27、"饱和度"为 +33，调整图像颜色。

步骤 12 执行"文件 > 置入嵌入对象"菜单命令，将 24.jpg 素材图像置入到画面中，并将其调整至合适的大小和角度，单击"添加图层蒙版"按钮，为"24"智能对象图层添加图层蒙版。

步骤 13 ❶双击图层蒙版缩览图，打开"属性"面板，❷单击下方的"颜色范围"按钮，打开"色彩范围"对话框，❸在对话框中设置"颜色容差"值为 130，❹勾选"反相"复选框，❺使用"添加到取样"工具单击蓝色的天空部分，确定设置，根据设置的选择范围调整蒙版显示区域，显示素材图像中的叶子部分。

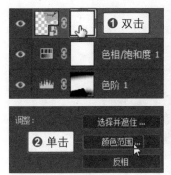
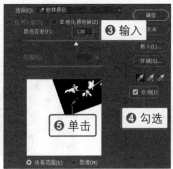

步骤 14 执行"文件 > 置入嵌入对象"菜单命令，将 25.jpg 素材图像置入到画面中，选择"磁性套索工具"，❶在选项栏中设置各选项，❷沿着鞋子边缘拖动，创建选区。

步骤 15 ❶单击"添加图层蒙版"按钮，添加蒙版，按住 Ctrl 键不放，单击"25"图层蒙版缩览图，载入选区，新建"曲线 2"调整图层，❷单击并拖动曲线，提亮鞋子图像。

步骤 16 ❶选择并盖印"25"和"曲线 2"图层，得到"曲线 2（合并）"图层，❷执行"编辑 > 变换 > 垂直翻转"菜单命令，翻转图像，❸再将翻转后的图像向下移到合适的位置。

步骤 17 单击"添加图层蒙版"按钮，添加蒙版，选择"渐变工具"，❶在选项栏中选择"黑，白渐变"，❷从下方往上拖动，创建渐隐图像，制作为鞋子的投影。

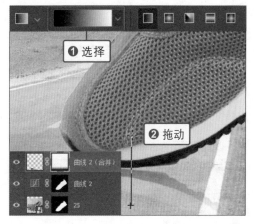

步骤 18 执行"文件 > 置入嵌入对象"菜单命令，将 26.jpg 素材图像置入到画面中，将其调整至合适的大小和位置。

步骤 19 选中"图层"面板中的"26"智能对象图层，设置图层的混合模式为"滤色"，融合图像。

步骤 20 ❶按住 Ctrl 键不放，单击"图层 1 拷贝"图层缩览图，载入选区，在最上层新建"曲线 3"调整图层，打开"属性"面板，❷单击并拖动曲线，提亮选区中的图像。

步骤 21 ❶设置前景色为白色，创建"渐变填充 1"填充图层，❷在"渐变填充"对话框中设置"前景色到透明渐变"，❸输入"角度"为 -50.71，❹输入"不透明度"为 90%。

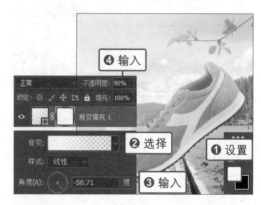

步骤 22 ❶单击"渐变填充 1"图层蒙版，选择"渐变工具"，❷在选项栏中选择"黑，白渐变"，❸从图像右下方往左上方拖动。

步骤 23 创建"文案"图层组，结合文字工具和图形工具在合成的图像左上方添加文字和图案，完善直通车广告图。

第 5 章
装饰图形的绘制

　　装修网店时，除了必要的商品图像，图形也是必不可少的因素。观看各类装修好的网店，不难看到店招、导航、商品分类模块和商品卖点展示区中都有图形的应用。在图像上绘制出各种符合商品特色和网店整体风格的图形，不但能够让图片变得更漂亮，还能将买家吸引到商品上来。Photoshop 提供了比较强大的图形绘制与编辑功能，可以完成网店中不同模块的装饰图形的绘制。

实例43 │ 圆形装饰为商品细节加分

使用"椭圆工具"可以绘制出椭圆形或正圆形的修饰图形。使用"椭圆工具"绘制图形时，只需要在图像窗口中单击并拖动。如果要绘制正圆形，则需要在拖动鼠标的同时按住 Shift 键。

◎ 素材文件：随书资源\05\素材\01.jpg
◎ 最终文件：随书资源\05\源文件\圆形装饰为商品细节加分.psd

步骤 01 打开 01.jpg 素材图像，❶单击工具箱中的"椭圆选框工具"按钮■，❷沿苹果边缘绘制椭圆形选区。

步骤 02 ❶按下快捷键 Ctrl+J，复制选区中的图像，得到"图层 1"图层，❷新建"图层 2"图层，设置前景色为白色，按下快捷键 Alt+Delete，将图层填充为白色。

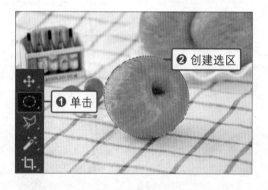

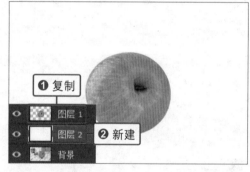

步骤 03 ❶单击工具箱中的"椭圆工具"按钮■，❷在画面中单击并拖动，绘制椭圆形图形，❸单击选项栏中的"填充"选项色块，❹在展开的面板中单击"无颜色"。

步骤 04 ❶设置描边粗细为 3 像素，单击"描边"选项色块，❷在展开的面板中单击"拾色器"按钮，打开"拾色器（描边颜色）"对话框，❸输入颜色值为 R235、G82、B107。

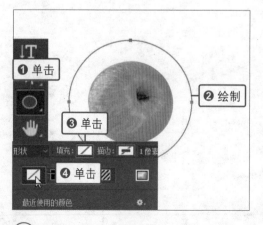

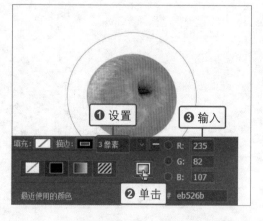

步骤 05 ❶使用"椭圆工具"在画面中单击并拖动，绘制一个椭圆形图形，按下快捷键 Ctrl+T，打开自由变换编辑框，❷单击并拖动旋转编辑框中的图形。

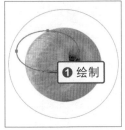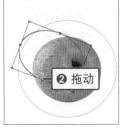

步骤 06 使用相同的方法，在画面中绘制出更多的椭圆形图形，在图像窗口中查看绘制的效果。

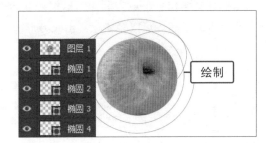

步骤 07 ❶选择"椭圆工具"，按住 Shift 键不放，绘制正圆形，❷单击选项栏中的"描边"选项色块，❸在展开的面板中单击"无颜色"。

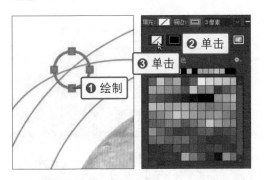

步骤 08 ❶单击"填充"选项色块，❷在展开的面板中单击"拾色器"按钮，打开"拾色器（填充颜色）"对话框，❸设置填充颜色为 R235、G82、B107。

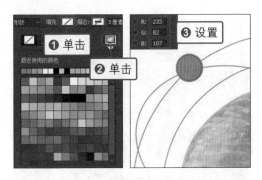

步骤 09 继续使用相同的方法，选择"椭圆工具"，按住 Shift 键不放绘制出更多的正圆形，然后在图形上输入所需的文字，完善画面效果

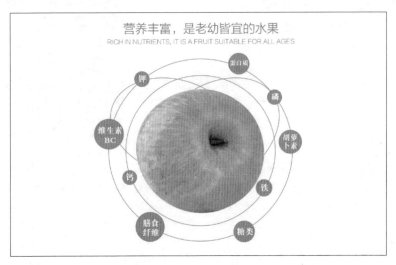

实例44 | 矩形在装饰背景中的妙用

矩形在网店装修设计图中的应用较为广泛，例如，可在文字的下方放置矩形突出部分文字信息，或者利用矩形的外观营造出某种视觉效果等。使用 Photoshop 中的"矩形工具"可以轻松绘制出长方形或正方形的修饰图形。

◎素材文件：随书资源\05\素材\02.jpg～06.jpg

◎最终文件：随书资源\05\源文件\矩形在装饰背景中的妙用.psd

步骤 01 创建新文件，选择工具箱中的"矩形工具"，❶单击选项栏中的"填充"选项色块，❷在展开的面板中单击"渐变"按钮■，❸设置渐变颜色，❹沿文档边缘单击并拖动，绘制矩形，填充设置的渐变颜色。

步骤 02 ❶新建"格子"图层组，❷使用"矩形工具"在左上角位置绘制矩形，❸单击"填充"选项色块，❹在展开的面板中单击"拾色器"按钮，❺在打开的面板中设置填充色为 R193、G36、B139，更改填充颜色。

步骤 03 按下快捷键 Ctrl+T，打开自由变换编辑框，并显示变换工具选项栏，在选项栏中的"旋转"文本框中输入 45，旋转绘制的图形。

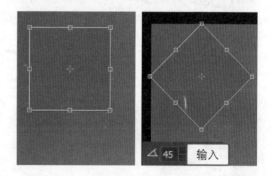

步骤 04 双击"矩形 2"图层，打开"图层样式"对话框，❶在对话框中单击"内阴影"样式，设置样式选项，❷再单击"投影"样式，设置样式选项，设置后在图像窗口中可以看到应用样式的图形效果。

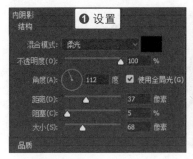

步骤 05 连续按下快捷键 Ctrl+J，复制出多个正方形图形，然后单击工具箱中的"移动工具"按钮，分别将复制的图形移到合适的位置。

步骤 06 为图层组添加蒙版，选择"渐变工具"，❶在选项栏中选择"黑，白渐变"，❷单击"对称渐变"按钮▣，❸勾选"反向"复选框，❹从画面中间向边缘拖动渐变。

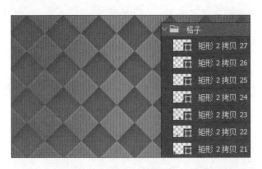

知识扩展 网店装修中的轮播广告图尺寸要求

　　网店装修的轮播图如果不是全屏轮播，尺寸设置 950 像素 ×400 像素就可以，如果是全屏轮播的话，尺寸可以是 1920 像素 ×500 像素，不过无论尺寸大小，其主体内容一定要居中，否则超出屏幕尺寸的部分会被截断。

步骤 07 ❶将 02.jpg 素材图像置入到画面中，使用"磁性套索工具"沿着鞋子边缘拖动创建选区，❷单击"添加图层蒙版"按钮，添加蒙版，将鞋子合成到绘制的背景中。

步骤 08 ❶选择"02"图层，将此图层的混合模式设置为"柔光"，混合图像，❷按下快捷键 Ctrl+J，复制图层，创建"02 拷贝"图层，❸分别将两个图层中的鞋子图像移到其他正方形图形上。

步骤 09 使用相同的方法，将其他鞋子图像也置入到画面中，并通过创建图层蒙版和设置混合模式，拼合图像。

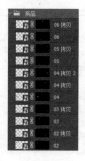

步骤 10 选择"矩形工具"，❶单击"填充"选项色块，❷在展开的面板中设置填充颜色，❸在画面中间绘制一个矩形。

步骤 11 ❶单击"添加锚点工具"按钮，❷在绘制的矩形两侧单击，添加锚点。

步骤 12 ❶单击"直接选择工具"按钮，❷单击并拖动添加的锚点到合适位置。

步骤 13 ❶单击"转换点工具"按钮，❷分别单击图形两侧的锚点，将其转换为直角效果。

步骤 14 双击形状图形，打开"图层样式"对话框，❶在对话框中单击并设置"内阴影"样式，❷再单击并设置"外发光"样式，在图像窗口中查看应用样式后的效果。

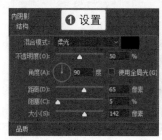

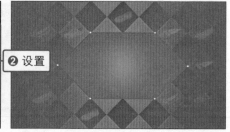

步骤 15 应用路径编辑工具编辑图形，更改矩形外观，使用"横排文字工具"在图形中输入所需的文字。

步骤 16 ❶使用"矩形工具"在文字"爱的冒险家"下方绘制矩形，❷双击图层，打开"图层样式"对话框，设置"投影"样式选项。

实例45 │ 利用圆角矩形表现商品基本信息

使用"圆角矩形工具"可以绘制出四个角带有一定弧度的矩形，绘制图形时，通过选项栏中的"半径"选项控制圆角的弯曲程度。在网店装修设计中，"圆角矩形工具"是一个非常实用的工具，常用于制作各类按钮和图标等。

◎素材文件：随书资源\05\素材\07.jpg
◎最终文件：随书资源\05\源文件\利用圆角矩形表现商品基本信息.psd

步骤 01 创建新文件，选择工具箱中的"圆角矩形工具"，❶在选项栏中设置填充颜色为白色，❷输入"半径"为 60 像素，❸在画面中单击并拖动，绘制圆形矩形。

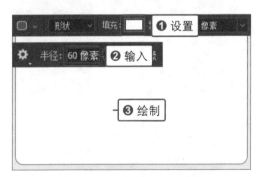

步骤 02 ❶将 07.jpg 素材图像置入到画面中，添加图层蒙版，隐藏多余背景图像，❷然后新建"曲线 1"调整图层，设置曲线，提高图像亮度和对比度。

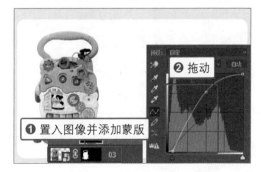

步骤 03 选择"圆角矩形工具"，❶在选项栏中设置填充色为 R15、G68、B140，❷输入"半径"为 5 像素，❸单击并拖动鼠标，绘制蓝色的圆角矩形。

步骤 04 ❶选择"直接选择工具"，按住 Shift 键单击并选中圆角矩形左下角的两个锚点，移动锚点，❷在弹出的对话框中单击"是"按钮，❸继续移动锚点位置，更改图形外观。

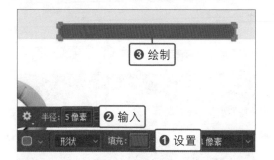

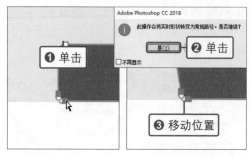

步骤 05 ❶使用"直接选择工具"单击并选中圆角矩形右下角的两个锚点，❷向左移动锚点，更改图形外观。

步骤 06 使用"圆角矩形工具"再绘制一个相同颜色的矩形，采用相同的方法，调整图形的外观。

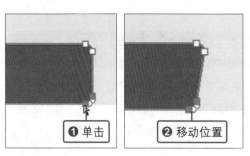

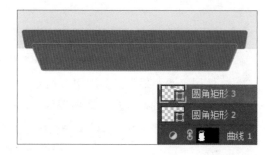

步骤 07 选择"圆角矩形工具"，❶在选项栏中设置填充色为 R139、G223、B251，❷输入"半径"为 40 像素，❸单击并拖动鼠标，绘制浅蓝色的圆角矩形。

步骤 08 ❶连续按下快捷键 Ctrl+J，复制多个圆角矩形，并向下移动至合适的位置，❷同时选中矩形，❸单击"移动工具"选项栏中的"垂直居中分布"按钮，均匀分布图形。

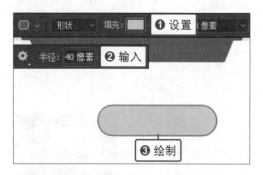

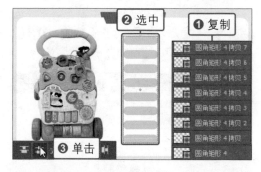

步骤 09 选择工具箱中的"横排文字工具"在绘制的圆角矩形上方和旁边输入所需的文字，完善画面效果。

实例46 | 多边形在商品海报图中的应用

　　在进行网店装修的时候，如果需要在图像上绘制多边形外观的图形，则需要使用"多边形工具"。利用"多边形工具"可以绘制出多边形和星形图形，还可以根据需要控制图形的边数和凹陷程度等。

◎ 素材文件：随书资源\05\素材\08.jpg、09.jpg
◎ 最终文件：随书资源\05\源文件\多边形在商品海报图中的应用.psd

步骤 01 打开 08.jpg 素材图像，❶选择工具箱中的"裁剪工具"，在选项栏中选择"16：9"的长宽比，❷在画面中单击并拖动，绘制一个长宽比为 16:9 裁剪框。

步骤 02 新建"色阶 1"调整图层，打开"属性"面板，❶设置色阶值为 0、2.28、255，提亮图像，新建"曲线 1"调整图层，打开"属性"面板，❷选择"蓝"通道，❸拖动通道曲线，调整画面颜色。

步骤 03 选择"矩形选框工具"，❶在选项栏中设置"羽化"值为 150 像素，在图像中创建选区并反选区，新建"色相/饱和度 1"调整图层，打开"属性"面板，❷在面板中设置"明度"为 +81，提亮图像边缘。

步骤 04 选择"多边形套索工具"，❶单击选项栏中的"添加到选区"按钮，在画面中单击，创建选区，反选选区，❷新建"颜色填充 1"图层，❸在打开的对话框中设置填充色为 R228、G222、B226，填充选区。

步骤 05 将 09.jpg 人物图像置入到画面中间位置，添加图层蒙版，❶选择"黑，白渐变"，❷单击"对称渐变"按钮，❸勾选"反向"复选框，❹单击并拖动，创建渐隐的效果。

步骤 06 选择工具箱中的"多边形工具"，❶在选项栏中设置填充色为 R224、G74、B161，❷输入"边"为 3，❸在画面中单击并拖动，绘制三角形图形。

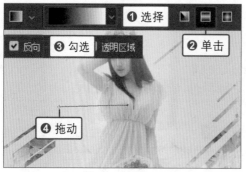

步骤 07 单击选项栏中的"路径操作"按钮，在展开的列表中单击"合并形状"选项，继续使用"多边形工具"绘制出更多颜色相同的三角形图形。

步骤 08 使用相同的方法，在画面中绘制出更多不同颜色和大小的三角形图形，在"图层"面板中生成对应的形状图层。

步骤 09 选择"多边形工具"，❶设置填充色为 R241、G94、B178，❷输入"边"为 8，❸在画面中单击并拖动，绘制八边形图形。

步骤 10 选择八边形所在的"多边形 5"图层，在"图层"面板中将此图层的不透明度设置为 50%，降低不透明度效果。

步骤 11 ❶按下快捷键 Ctrl+J，复制图层，创建"多边形 5 拷贝"图层，并旋转图形，❷设置"不透明度"为 70%，最后在图形中添加文字。

知识扩展　确定网店的装修风格

　　网店装修风格是消费者在进入网店后最直观的感受，消费者可以通过网店的装修，感受到卖家的艺术品位及商品的风格定位等。所以，在确定装修网店时，首先需要考虑的就是整个网店的装修风格，可以先从销售商品入手，根据商品针对的消费群体的年龄、性别和喜好来确定装修风格。

　　以服装为例，爱美是女性的天性，所以女装店铺的装修以浪漫、温馨、时尚个性的风格为主，如右一图所示；而男装店铺装修则应以沉稳、大气、稳重的风格为主，如右二图所示；童装店铺则需要表现出儿童天真烂漫的特性，所以在装修时多会采用轻松、活泼、卡通的风格去表现，如右三图所示。

　　其次，在网店的各个页面和元素的处理方面，为了形成一种比较统一的风格，也可以选用一些相同的元素来表现。这样不但可以加深网店在消费者心中的印象，还能使网店整体感更强。如下面的商品详情页中，制作场景展示效果图时，在鞋子旁边设置了相同大小的文字并搭配上卡通图像加以表现，形成了协调、统一的视觉效果。

实例47　绘制线条突出商品的规格尺寸

　　无论是在网店首页还是商品详情页中，都能看到各类线条。应用 Photoshop 中的"直线工具"可以快速创建各种不同粗细的线条，并且通过工具栏中的选项，可以选择是否在线条的起点或终点添加箭头，以及调整箭头的宽度和长度等。

◎ 素材文件：随书资源\05\素材\10.jpg
◎ 最终文件：随书资源\05\源文件\绘制线条突出商品的规则尺寸.psd

步骤 01 打开 10.jpg 素材图像，❶使用"钢笔工具"沿着包包边缘绘制路径，❷按下快捷键 Ctrl+Enter，将路径转换为选区，按下快捷键 Ctrl+J，复制选区中的图像，得到"图层 1"图层。

步骤 02 ❶选择工具箱中的"裁剪工具"，单击并拖动鼠标绘制裁剪框，裁剪图像扩展画布，❷在"图层 1"下方新建"图层 2"图层，设置前景色为白色，按下快捷键 Alt+Delete，填充白色背景。

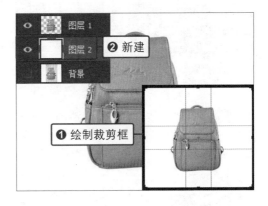

步骤 03 ❶执行"视图 > 标尺"菜单命令，或者按下快捷键 Ctrl+R，显示标尺，❷从标尺中拖出水平和垂直参考线。

步骤 04 选择"直线工具"，❶设置填充色为灰色，❷输入"粗细"为 5 像素，❸单击"设置其他形状和路径选项"按钮，在展开的面板中设置选项，❹绘制带箭头的直线。

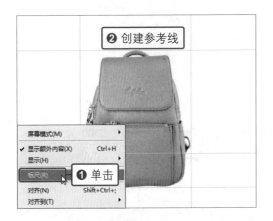

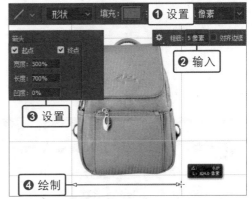

技巧提示 设置其他形状和路径选项

　　若要在绘制的线条一侧或两侧添加箭头，可以通过设置"宽度""长度""凹度"选项来控制箭头的宽度和长度等外观形态。

步骤 05 继续使用"直线工具"，根据添加的参考线绘制出所需的线条，在图像窗口中查看绘制的效果。

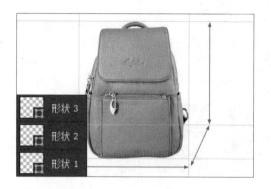

步骤 07 使用"直线工具"在箭头的另外一侧绘制出其他的直线，绘制完成后执行"视图 > 显示额外内容"菜单命令，隐藏参考线。

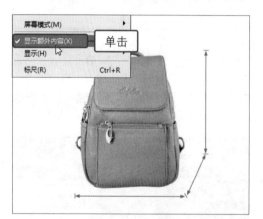

步骤 06 ❶设置"粗细"值为 4 像素，❷单击"设置其他形状和路径选项"按钮，取消"起点"和"终点"复选框的勾选状态，❸在箭头左侧绘制一条垂直的直线。

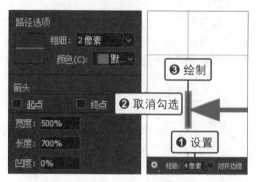

步骤 08 结合工具箱中的"横排文字工具"和"字符"面板，在画面中的适当位置单击输入所需的文字。

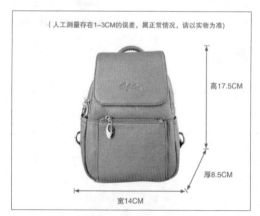

实例48 | 添加自定义形状丰富画面内容

  如果使用前面介绍的规则形状工具还不能满足网店装修的需要，可以通过应用 Photoshop 中的"自定形状工具"添加一些造型更丰富的图形。在"自定形状工具"中的"自定形状"拾色器中提供了较多的预设形状，用户也可以把自己绘制的形状添加到预设形状列表中以便今后重复使用。

◎ 素材文件：随书资源\05\素材\11.jpg

◎ 最终文件：随书资源\05\源文件\添加自定义形状丰富画面内容.psd

步骤01 打开 11.jpg 素材图像，❶选择工具箱中的"钢笔工具"，沿着图像中的墨镜边缘单击并拖动，绘制路径，❷按下快捷键 Ctrl+Enter，将路径转换为选区。

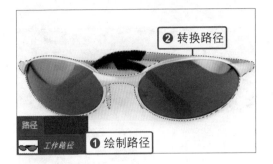

步骤02 ❶按下快捷键 Ctrl+J，复制选区中的图像，得到"图层 1"图层，❷按下快捷键 Ctrl+T，将复制的墨镜缩放至合适的大小，❸使用"裁剪工具"绘制裁剪框，裁剪以扩展画布。

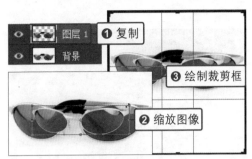

步骤03 ❶双击"图层 1"图层，打开"图层样式"对话框，❷在对话框中单击并设置"投影"样式，修饰墨镜图像。

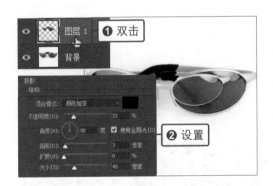

步骤04 ❶使用"矩形工具"在墨镜下方绘制矩形，并为矩形填充合适的渐变颜色，双击形状图层，打开"图层样式"对话框，❷在对话框中单击并设置"图案叠加"样式，增强背景纹理。

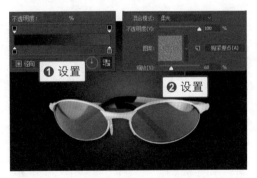

步骤05 ❶按住 Ctrl 键不放，单击"图层 1"图层，载入选区，❷单击"调整"面板中的"黑白"按钮，创建"黑白 1"调整图层，❸在打开的"属性"面板中设置各选项，将墨镜图像转换为黑白效果。

步骤06 使用"横排文字工具"输入所需的文字，选择"自定形状工具"，❶在选项栏中设置填充色为 R255、G255、B0，❷在"自定形状"拾色器中单击选择"选中复选框"形状，❸绘制图形。

步骤 07 ❶连续按下快捷键 Ctrl+J，复制多个图形，分别将其移到合适的位置上，❷同时选中几个图形，❸单击"移动工具"选项栏中的"水平居中分布"按钮 ，均匀分布图形。

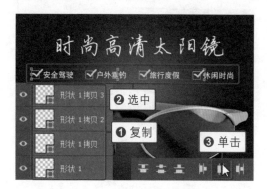

步骤 08 选择"自定形状工具"，❶在选项栏中设置填充色为 R70、G70、B70，❷在"自定形状"拾色器中单击选择"窄边圆形边框"形状，❸绘制图形。

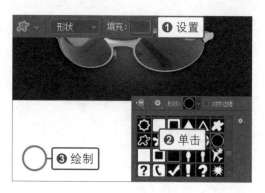

步骤 09 ❶连续按下快捷键 Ctrl+J，复制多个图形，分别向右移到合适的位置上，❷同时选中几个图形，❸单击"移动工具"选项栏中的"水平居中分布"按钮，均匀分布图形。

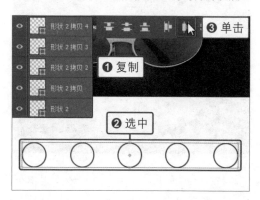

步骤 10 选择"自定形状工具"，打开"自定形状"拾色器，❶单击右上角的扩展按钮，❷在展开的菜单中执行"载入形状"命令。

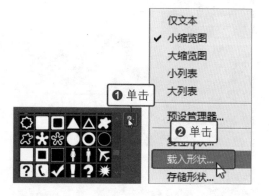

步骤 11 打开"载入"对话框，❶在对话框中单击选中需要载入的形状文件，❷单击"载入"按钮，载入形状。

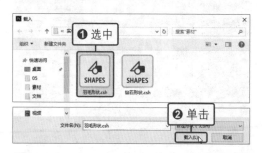

步骤 12 ❶在"自定形状"拾色器中单击选中载入的其中一个羽毛形状，❷在圆形中间位置单击并拖动，绘制图形，❸执行"编辑 > 变换路径 > 水平翻转"菜单命令，翻转图形。

步骤 13 使用相同的方法，载入"钻石形状"，绘制相应的图形，然后再选取系统提供的其他形状，绘制出更多的图形，最后输入对应的文字说明。

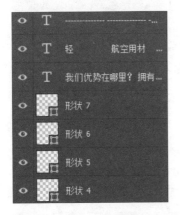

实例49 绘制任意图形创建清新商品轮播图

如果前面介绍的绘图工具都不能满足网店装修设计的需要，那么就需要使用"钢笔工具"来进行创作了。"钢笔工具"不但可以用于精细的抠图，还可以用于绘制网店装修中需要的各种形状的图形。

◎素材文件：随书资源\05\素材\12.jpg、13.jpg
◎最终文件：随书资源\05\源文件\绘制任意图形创建清新商品轮播图.psd

步骤 01 执行"文件 > 新建"菜单命令，打开"新建文档"对话框，在对话框中设置选项，新建文件。

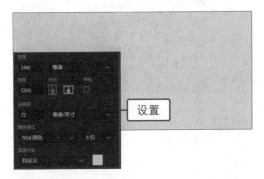

步骤 02 选择工具箱中的"钢笔工具"，❶在选项栏中设置填充颜色为 R157、G224、B181，❷在画面下方绘制图形。

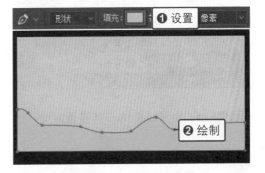

步骤 03 ❶使用"钢笔工具"绘制另一个不规则图形，❷然后双击形状图层缩览图，❸在打开的对话框中将填充颜色更改为R118、G197、B150。

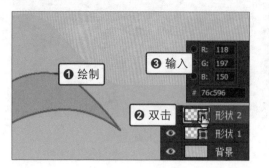

步骤 04 ❶在选项栏中设置填充颜色为白色，❷绘制出一个云朵图形，❸单击选项栏中的"路径操作"按钮■，在展开的列表中单击"合并形状"选项，绘制出更多云朵图形。

步骤 05 ❶选择"钢笔工具"，设置填充颜色为R252、G108、B43，❷在画面中连续单击，绘制路径，创建图形。

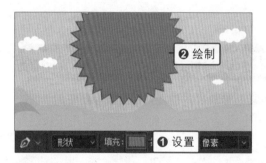

步骤 06 ❶选择"椭圆工具"，设置填充色为R244、G93、B76，描边颜色为R255、G234、B58，粗细为8像素，❷绘制圆形。

步骤 07 ❶按下快捷键Ctrl+J，复制圆形图形，并适当缩小图形，❷在选项栏中设置图形描边颜色为R255、G143、B43，粗细为40像素。

步骤 08 ❶在"形状 1"图层下方新建"建筑01"图层组，❷使用"钢笔工具"在画面中绘制建筑图形，并为绘制的图形填充合适的颜色。

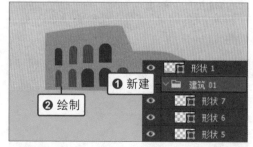

步骤 09 ❶选中"建筑01"图层组，按下快捷键Ctrl+J，复制图层组，❷将图层组中的建筑图形向右移到合适的位置。

步骤 10 再分别创建"建筑02"和"建筑03"图层组，使用"钢笔工具"绘制其他的建筑图形。

步骤 11 ❶新建"玩具汽车"图层组，❷使用"钢笔工具"先绘制出汽车车厢部分，并为其填充合适的颜色。

步骤 12 选择"椭圆工具"，在选项栏中调整圆形的填充和描边颜色，在车身下方绘制出汽车轮胎。

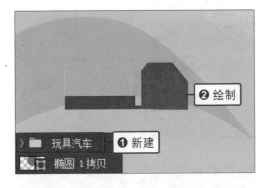

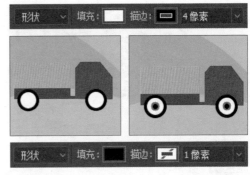

步骤 13 双击"玩具汽车"图层组，打开"图层样式"对话框，在对话框中单击"投影"样式，并在展开的选项卡中设置样式选项，为绘制的汽车添加上投影效果。

步骤 14 ❶按下快捷键 Ctrl+J，复制图层组，创建"玩具汽车 拷贝"图层组，❷按下快捷键 Ctrl+T，打开自由变换编辑框，调整汽车图形的大小和角度。

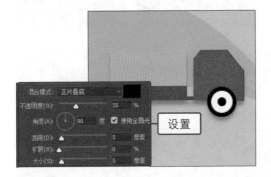

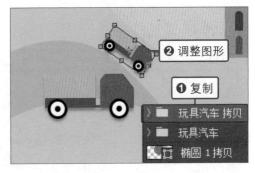

步骤 15 新建"树"图层组，❶在左下角位置绘制树形状的图形，❷按下快捷键 Ctrl+J，复制图层，❸将复制的树木图形移到右下角相应的位置。

步骤 16 将 12.jpg 和 13.jpg 素材图像置入到画面中，使用前面讲解的方法，添加图层蒙版，隐藏多余的图像，将人物和鞋子合到新背景中。

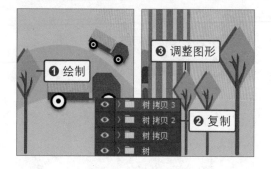

步骤 17 分别双击人物和鞋子所在图层，打开"图层样式"对话框，在对话框中单击并设置"投影"样式，为画面中的人物和鞋子添加上投影效果。

步骤 18 ❶按住 Ctrl 键不放，单击"13"图层蒙版缩览图，载入选区，新建"色阶 1"调整图层，❷设置色阶值为 5、1.38、220，调整鞋子的亮度。

步骤 19 载入鞋子选区，创建"亮度/对比度 1"调整图层，❶设置"亮度"为 4、"对比度"为 23。新建"曲线 1"调整图层，❷在"属性"面板中单击并向上拖动曲线。

步骤 20 选中鞋子图层及图像上方所有调整图层，按下快捷键 Ctrl+Shift+Alt+E，盖印图层，将得到的鞋子图像调整到合适的大小，最后在中间输入所需文字。

第6章
网店文字的排版处理

完成商品照片的美化和修饰后，就需要在图像中添加文字，以便让买家了解更多的商品信息，这是装修中需要做的另一项重要工作。在装修网店的过程中，无论是设计店招和导航，还是绘制活动海报，都会涉及文字的应用。Photoshop中提供了完善的添加和编辑文字功能，通过应用这些功能可以在图片中添加符合其特性的文字内容，用于实现更准确的信息传递。

实例50 | 横排广告字突出店铺活动

在网店装修的文字编辑工作中，为处理好的商品照片添加文字是第一项工作。应用 Photoshop 中的"横排文字工具"可以在处理好的商品照片上添加横向排列的文字，并且在添加文字后，还可以对文字的字体、字号、字间距及颜色等进行调整。

◎ 素材文件：随书资源\06\素材\01.jpg
◎ 最终文件：随书资源\06\源文件\横排广告字突出店铺活动.psd

步骤 01 打开 01.jpg 素材图像，单击工具箱中的"横排文字工具"按钮。

步骤 02 将鼠标移到画面右上方位置，❶单击输入所需文字，打开"字符"面板，❷在面板中设置文字的属性。

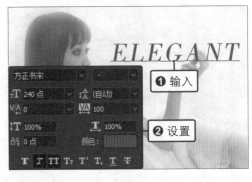

步骤 03 ❶使用"横排文字工具"在下方位置单击输入文字，❷然后打开"字符"面板，调整新输入文字的属性。

步骤 04 结合"横排文字工具"和"字符"面板继续在画面中添加更多横向排列的文字。

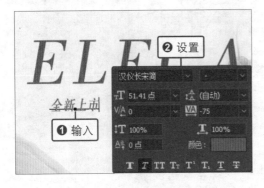

步骤 05 ❶选择工具箱中的"矩形工具"，❷在选项栏中设置图形填充颜色，❸在文字"点击进入"下方绘制图像，制作成按钮效果。

实例51 | 直排文字表现商品卖点

　　在进行网店装修的时候，除了需要在图像中添加横向排列的文字，有时还需要添加纵向排列的文字。在 Photoshop 中，使用"直排文字工具"即可为图像添加纵向排列的文字效果。

◎ 素材文件：随书资源\06\素材\02.jpg

◎ 最终文件：随书资源\06\源文件\直排文字表现商品卖点.psd

步骤 01 打开 02.jpg 素材图像，复制"背景"图层，在"图层"面板中得到"背景 拷贝"图层。

步骤 02 选择"矩形选框工具"，❶单击选项栏中的"从选区减去"按钮，❷沿图像边缘绘制选区，然后在已有选区中间位置单击并拖动，从选区中减去新选区效果。

步骤 03 ❶设置前景色为 R239、G222、B194，❷在"背景"图层上方新建"图层 1"图层，按下快捷键 Alt+Delete，填充颜色。

步骤 04 ❶双击"图层 1"图层，打开"图层样式"对话框，❷在对话框中单击并设置"图案叠加"样式。

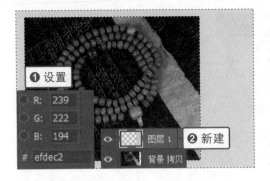

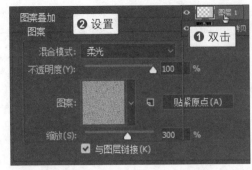

步骤 05 应用设置的样式增强背景质感，按住工具箱中的"横排文字工具"按钮不放，❶在展开的面板中单击"直排文字工具"，❷然后在需要输入文字的位置单击，输入文字"质感"。

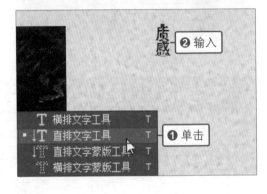

步骤 06 打开"字符"面板，在面板中设置输入文字的字体和字体大小等属性，在图像窗口中查看编辑后的效果。

步骤 07 使用"直排文字工具"在已经输入的文字下方单击，输入其他直排文字，打开"字符"面板，调整其属性。

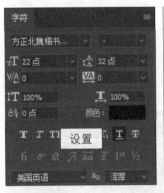

知识扩展 移动端文字设计要求

　　相对于 PC 端来说，移动端的屏幕显示范围更为有限，在设计其详情页中的文字时，应注意以下几点：首先，在图片上添加的中文字体应大于等于 30 号字，英文和阿拉伯数字应大于等于 20 号字；其次，当添加的文字较多时，建议使用纯文本的方式编辑，使其看起来更加清晰；最后，由于在手机等移动设备上看文字不同于计算机，所以不建议用大篇幅的文字，只选用关键词突出商品的特色即可。

右侧两幅图都是为钱包所做的移动端详情图。可以看到，右一图采用大篇幅的文字来说明钱包的材质特点，大段的文字不但阅读起来非常麻烦，而且画面也显得太凌乱；而右二图则通过简洁的文字说明钱包的材质，并搭配上相关的图片进行展示，工整的画面更能吸引买家。

实例52　添加段落文本说明商品特性

若要在图像中添加并编辑大量文本时，就需要创建段落文本。段落文本主要通过绘制的文本框来控制文字的显示范围，无论对文字进行什么样的调整，文字都会完全显示在文本框内。

◎ 素材文件：随书资源\06\素材\03.jpg
◎ 最终文件：随书资源\06\源文件\添加段落文本说明商品特性.psd

步骤 01 打开 03.jpg 素材图像，新建"色阶 1"调整图层，打开"属性"面板，在面板中选择"中间调较亮"选项，提亮商品照片。

步骤 02 ❶新建"图层 2"图层，❷设置图层"不透明度"为 40%，使用"矩形选框工具"，在画面中单击并拖动创建选区，❸反选选区，按下快捷键 Alt+Delete，将选区填充为白色。

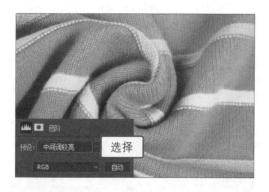

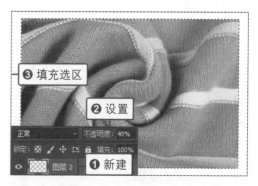

步骤 03 ❶使用"矩形选框工具"在画面中间位置创建选区，❷新建"图层 3"图层，按下快捷键 Alt+Delete，为选区填充白色，❸并设置"不透明度"为 50%。

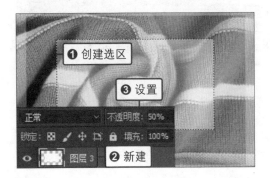

步骤 05 ❶使用"横排文字工具"在数字 01 上单击并拖动，选中文本，❷打开"字符"面板，在面板中更改文字字体，❸设置字体大小为 60 点、行距为 60 点。

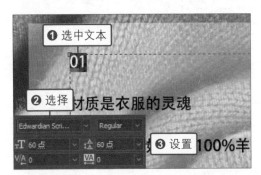

步骤 07 ❶使用"横排文字工具"选中段落文本中的下面几排文本对象，打开"字符"面板，❷在面板中设置文字字体为"Adobe 黑体 Std"、字体大小为 12 点、行距为 18 点。

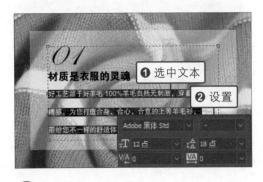

步骤 04 ❶单击工具箱中的"横排文字工具"按钮，将鼠标移到中间白色矩形位置，❷单击并拖动鼠标，绘制文本框，在文本框中输入文字，创建段落文本。

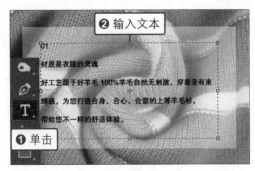

步骤 06 ❶使用"横排文字工具"选中文本"材质是衣服的灵魂"，❷打开"字符"面板，在面板中设置文字字体为"方正大黑简体"、字体大小为 18 点、行距为 32 点。

步骤 08 ❶单击工具箱中的"移动工具"按钮，选中调整字符属性后的段落文本，打开"段落"面板，❷单击面板中的"居中对齐文本"按钮，将段落文本更改为居中对齐效果。

实例53 缩进段落文本创建商品售后模块

　　网店售后服务模块主要包含交易纠纷处理和买家关怀两个方面的内容，其大多会通过详细的文字介绍加以表现，是增加网店客源的重要因素。在进行网店装修的时候，可以通过创建段落文本并结合"段落"面板，为文本指定相应的缩进方式，以创建层次分明的服务内容。

◎ 素材文件：随书资源\06\素材\04.jpg

◎ 最终文件：随书资源\06\源文件\缩进段落文本创建商品售后模块.psd

步骤 01 打开 04.jpg 素材图像，❶选择"多边形套索工具"，沿水果包装盒边缘单击，创建选区，❷按下快捷键 Ctrl+J，复制选区中的图像，抠出选区中的商品。

步骤 02 使用"裁剪工具"裁剪图像，扩展画布效果，❶设置前景色为 R230、G229、B227，❷在"背景"图层上方新建"图层 2"图层，按下快捷键 Alt+Delete，为抠出的商品图像填充纯色背景。

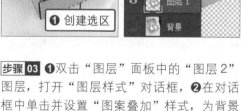

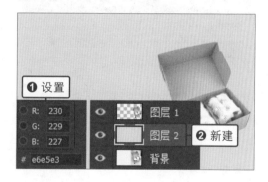

步骤 03 ❶双击"图层"面板中的"图层 2"图层，打开"图层样式"对话框，❷在对话框中单击并设置"图案叠加"样式，为背景添加纹理效果。

步骤 04 ❶使用"矩形工具"在画面顶端绘制深灰色的矩形，❷然后使用"横排文字工具"在矩形上输入所需文字，❸打开"字符"面板，调整输入文字的属性。

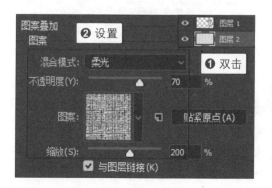

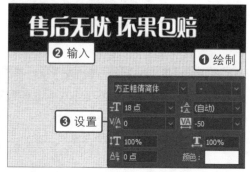

步骤 05 使用"横排文字工具"在画面左侧单击并拖动鼠标，绘制文本框，输入所需的文本，创建段落文本。

步骤 06 ❶使用"横排文字工具"单击并拖动，选中文本"NO.1 关于售后"，❷打开"字符"面板，调整文字属性。

步骤 07 继续结合"横排文字工具"和"字符"面板调整其他文字的属性，设置后在图像窗口中查看编辑后的效果。

步骤 08 ❶使用"横排文字工具"单击并拖动，选中"关于售后"下方的两段文字，执行"窗口 > 段落"菜单命令，打开"段落"面板，❷设置"首行缩进"为 22 点。

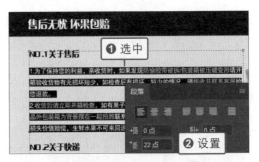

步骤 09 ❶使用"横排文字工具"单击并拖动，选中"关于快递"下方的两段文字，打开"段落"面板，❷设置"首行缩进"为 22 点。

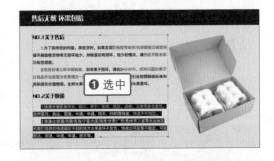

实例54 网店装修中的艺术化文字编排

　　文字作为视觉传达的重要组成部分，是除图片和颜色之外的又一重要的视觉构成要素。网店装修的设计往往会将多组文字以美观的形式组合在一起，进行艺术化的排版设计，使其表现出一定的层次感、艺术性和较强的视觉冲击力。

◎ 素材文件：随书资源\06\素材\05.jpg、06.png
◎ 最终文件：随书资源\06\源文件\网店装修中的艺术化文字编排.psd

步骤 01 打开 05.jpg 素材图像，❶在工具箱中设置背景色为白色，❷使用"裁剪工具"绘制裁剪框，调整裁剪框大小，扩展画布效果。

步骤 02 ❶选择工具箱中的"矩形工具"，❷在选项栏中设置描边颜色为 R162、G182、B135，❸在右侧的空白区域单击并拖动，绘制矩形图形。

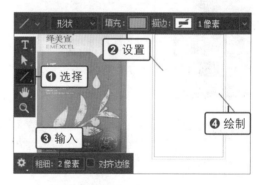

步骤 03 ❶按下快捷键 Ctrl+J，复制图形，❷在选项栏中将图形描边粗细更改为 2 像素，❸然后按下快捷键 Ctrl+T，打开自由变换编辑框，缩放图形。

步骤 04 ❶单击工具箱中的"直线工具"按钮，❷在选项栏中设置填充颜色为 R162、G182、B135，❸粗细为 2 像素，❹在矩形的两侧绘制两条直线。

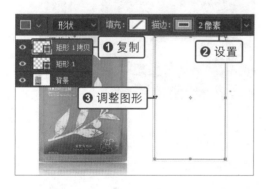

步骤 05 ❶单击"直排文字工具"按钮，❷在矩形中输入所需文字，打开"字符"面板，❸设置文字字体为"汉仪大宋简"、大小为135 点、颜色为 R63、G125、B50。

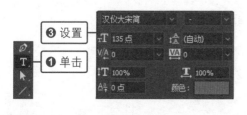

步骤 06 ❶按下快捷键 Ctrl+J，复制文本图层，选中复制的文本图层，打开"字符"面板，❷在面板中将颜色设置为 R92、G203、B72，其他选项不变，更改复制的文字"春"的颜色。

步骤 07 ❶使用"多边形套索工具"在文字上方连续单击，创建多边形选区，❷然后单击"图层"面板中的"添加图层蒙版"按钮，添加蒙版。

步骤 08 使用相同的操作方法，在矩形中间输入其他的文字，并利用图层蒙版制作渐变的文字效果。

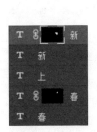

步骤 09 使用"直排文字工具"在下方输入其他文字，打开"字符"面板，在面板中设置文字的字体和大小等。

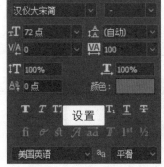

步骤 10 使用"直排文字工具"在右方输入其他文字，打开"字符"面板，在面板中设置文字的字体、大小和颜色等。

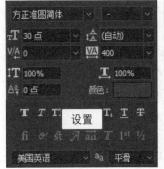

步骤 11 使用"直排文字工具"在灰色和绿色的文字中间位置单击并拖动，绘制文本框，在文本框中输入所需文字，创建段落文本。

步骤 12 选择工具箱中的"自定形状工具"，❶在"自定形状"拾色器中单击选择"波纹"形状，❷在文字"春"右侧和"新"下方绘制图形。

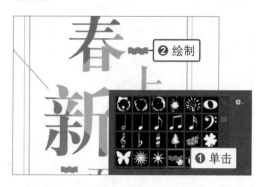

步骤 13 打开 06.png 素材图像，将其复制到画面中合适的位置，按两次快捷键 Ctrl+J，复制叶子图像，将其移到不同的位置，并设置为合适的大小，

实例55 | 变形广告文字更吸引眼球

为了让文字呈现不同的外形或构造出别样的风格，可以对文字进行变形设计。在 Photoshop 中，使用"文字变形"命令可以快速完成文字的变形设计，使文字呈现扇形或波浪形等特殊效果，并且可以根据需要精确控制变形效果的取向及透视等。

◎ 素材文件：随书资源\06\素材\07.jpg
◎ 最终文件：随书资源\06\源文件\变形广告文字更吸引眼球.psd

步骤 01 打开 07.jpg 素材图像，❶使用"钢笔工具"沿着商品图像边缘绘制路径，❷执行"图层 > 矢量蒙版 > 当前路径"菜单命令，创建矢量蒙版。

步骤 02 ❶双击"图层"面板中的"图层 0"图层，打开"图层样式"对话框，❷在对话框中单击并设置"内阴影"样式，降低咖啡机边缘亮度。

步骤 03 ❶按下快捷键 Ctrl+J，复制图层，得到"图层 0 拷贝"图层，❷设置图层混合模式为"柔光"，❸输入"不透明度"为 70%。

步骤 04 ❶使用"裁剪工具"绘制裁剪框，裁剪图像，扩展画布，❷然后在"图层 0"下方创建"图层 1"图层。

步骤 05 ❶设置前景色为 R255、G77、B65，背景色为 R222、G30、B17，选择"渐变工具"，❷在选项栏中选择"从前景色到背景色渐变"，❸单击"径向渐变"按钮，新建图层，❹从画面中间向边缘拖动，填充渐变颜色。

步骤 06 ❶双击"图层 1"图层，打开"图层样式"对话框，❷在对话框中单击并设置"图案叠加"样式，为渐变背景叠加相应的纹理。

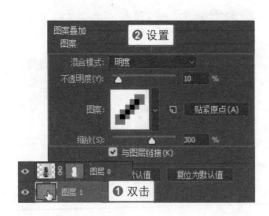

步骤 07 ❶选择"横排文字工具"，在画面中单击，输入所需的文字，打开"字符"面板，❷在面板中设置文字的字体和大小等，设置后在图像窗口中查看编辑后的文字效果。

步骤 08 ❶执行"文字 > 文字变形"菜单命令，打开"变形文字"对话框，❷在对话框中选择"扇形"样式，❸设置"弯曲"值为+35%，单击"确定"按钮。

步骤 09 对输入的文字进行变形，在图像窗口中可以查看应用变形样式后的文字效果。

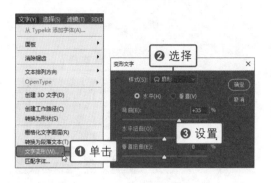

步骤 10 ❶使用"钢笔工具"在文字左侧绘制翅膀形状的图形，❷按下快捷键 Ctrl+J，复制图形，❸执行"编辑 > 变换路径 > 水平翻转"菜单命令，翻转图像并移到右侧合适的位置。

步骤 11 使用"钢笔工具"在图像顶端再绘制出其他的图形，然后使用"横排文字工具"在画面中合适的位置单击添加更多的文本，完善画面效果。

实例56 | 路径文字让页面排版更灵活

　　在进行网店装修的时候，为了使文字的排版更为灵活，可以在图像中添加路径文本，即使用矢量绘图工具在图像中绘制出路径，然后在路径上输入文字，使文字沿着绘制的路径进行排列，呈现出更自由、丰富的文字排版效果。

◎ 素材文件：随书资源\06\素材\08.jpg

◎ 最终文件：随书资源\06\源文件\路径文字让页面排版更灵活.psd

步骤 01 打开 08.jpg 素材图像，使用"裁剪工具"在画面中单击并拖动，绘制裁剪框，裁剪图像。

步骤 03 ❶使用"钢笔工具"在人物图像右侧绘制一条曲线路径，❷设置前景色为白色，❸新建"图层 1"图层。

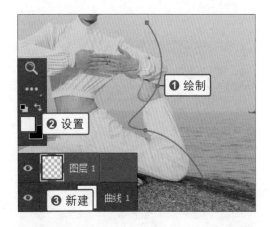

步骤 05 打开"路径"面板，❶单击面板右上角的扩展按钮▤，❷在展开的菜单中单击"描边路径"选项。

步骤 02 新建"曲线 1"调整图层，打开"属性"面板，❶在面板中拖动曲线，❷再选择"蓝"通道，❸应用鼠标单击并拖动曲线。

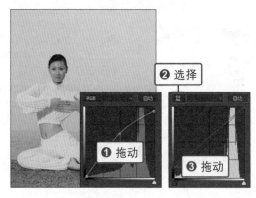

步骤 04 选择"画笔工具"，打开"画笔预设"选取器，❶单击选择"硬边圆"画笔，❷设置画笔"大小"为 7 像素。

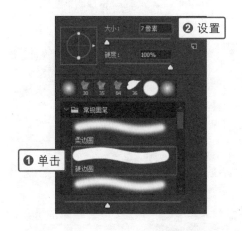

步骤 06 打开"描边路径"对话框，❶选择"画笔"工具，❷勾选"模拟压力"复选框，单击"确定"按钮。

步骤 07 使用画笔描边路径，单击"路径"面板中的留白区域，取消路径的选中状态，查看描边后的路径效果。

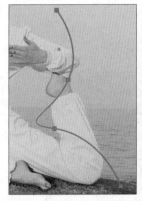
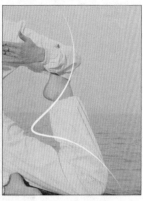

技巧提示　启用模拟压力功能

在对描边路径应用模拟压力时，如果遇到模拟压力失效，可选择"画笔工具"，执行"窗口 > 画笔设置"菜单命令，打开"画笔设置"面板，勾选"形状动态"复选框，激活面板选项，如下左图所示，然后将"大小抖动"的"控制"设置为"钢笔压力"，如下右图所示。

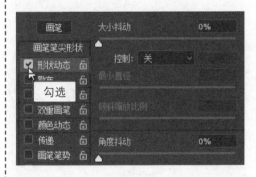
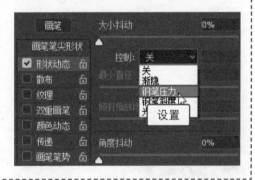

步骤 08 继续使用"钢笔工具"绘制出另外两条路径，结合"路径"面板和"画笔工具"描边路径，然后使用"椭圆工具"在描边的线条上绘制圆形图形。

步骤 09 ❶单击选中"路径"面板中的"路径1"缩览图，❷选择"横排文字工具"，将鼠标指针移至路径上，当指针变为⌿形时，单击输入文字，创建路径文本。

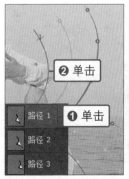
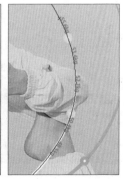

步骤 10 ❶使用"横排文字工具"单击并拖动，选中路径文本，打开"字符"面板，❷在面板中设置文字的字体和大小等属性。

步骤 11 ❶单击选中"路径"面板中的"路径2"缩览图，❷使用"横排文字工具"在路径上单击并输入文字，创建路径文本。

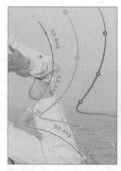
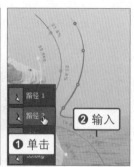

步骤 12 继续使用相同的方法，在最右侧的"路径 3"上也创建相应的路径文本，在图像窗口中可查看添加的路径文本效果。

步骤 13 结合"横排文字工具"和"字符"面板在画面最上方位置单击并输入所需的文字。

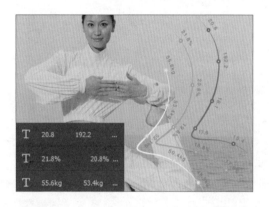

步骤 14 打开"字形"面板，单击选择需要添加的特殊字体，在文字前方添加相应的字形效果。

步骤 15 选中添加的字形，打开"字符"面板，将颜色更改为白色，使用相同的方法，完成另外两个字形的编辑。

实例57 │ 制作个性化的广告文字

为了让网店装修设计图中的文字更加引人注目并表现出一定的设计感，在编辑文字时，可以应用 Photoshop 中的"转换为形状"功能把文字转换为图形，然后使用图形编辑工具对文字的部分笔画进行重新绘制，从而创建更具艺术感的文字效果。

◎ 素材文件：随书资源\06\素材\09.jpg、10.jpg

◎ 最终文件：随书资源\06\源文件\制作个性化的广告文字.psd

步骤 01 创建新文件，打开 09.jpg、10.jpg 素材图像，将打开的图像复制到文件中，得到"图层 1"图层和"图层 2"图层。

步骤 02 为"图层 2"图层添加图层蒙版，选择"渐变工具"，❶在选项栏中选中"黑，白渐变"，❷从图像左侧往右拖动，填充渐变，拼合图像。

步骤 03 ❶选择"横排文字工具"，在画面中间单击输入所需文字，打开"字符"面板，❷在面板中设置文字的字体和大小等属性。

步骤 04 复制文本图层，执行"文字 > 转换为形状"菜单命令，将输入的文字转换为图形效果。

步骤 05 ❶单击工具箱中的"路径选择工具"按钮，❷在文字"装"上单击并拖动，选中文字对应的所有路径和锚点。

步骤 06 按下快捷键 Ctrl+T，打开自由变换编辑框，调整编辑框中的文字图形的大小和位置。

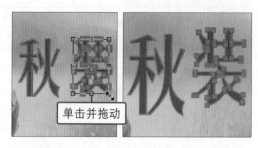

步骤 07 继续使用相同的方法，选中文字"上"和"市"，调整其大小和位置，在图像窗口中查看调整后的效果。

步骤 08 ❶单击工具箱中的"直接选择工具"按钮，❷在文字"秋"上单击，选中其中一个锚点，将该锚点向上拖动到合适的位置。

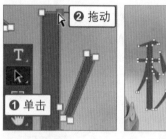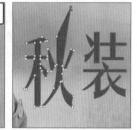

步骤 09 将鼠标移至路径中间位置，❶右击鼠标，❷在弹出的快捷菜单中执行"添加锚点"命令，❸添加并拖动锚点。

步骤 10 ❶单击工具箱中的"转换点工具"按钮，❷单击并拖动路径上的锚点，转换锚点以调整路径形状。

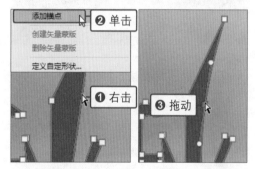

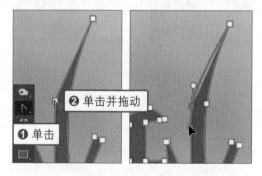

步骤 11 继续使用路径编辑工具，对路径上的锚点和线段进行编辑，在图像窗口中查看编辑后的效果。

步骤 12 ❶选择"椭圆工具"，单击"路径操作"按钮，❷在展开的列表中单击"合并形状"选项，❸在文字旁边绘制圆形图形。

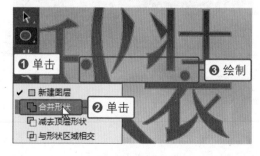

步骤 13 ❶选择"钢笔工具"，单击选项栏中的"路径操作"按钮，❷在展开的列表中单击"合并形状"选项，❸在文字"市"右侧绘制多个叶子形状的图形。

步骤 14 ❶双击文本形状图层，打开"图层样式"对话框，❷在对话框中单击并设置"渐变叠加"样式，应用样式效果。

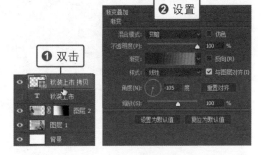

步骤 15 使用"横排文字工具"在画面中输入更多所需的文字，然后在最后一排文字下方绘制矩形图形，突出文本内容。

实例58 | 应用样式突出主题文字

　　为了让装修设计图中的文字具有更为强烈的视觉冲击力，可以使用 Photoshop 中的图层样式功能为文字添加各种丰富的样式效果。使用"图层样式"对文字进行修饰时，可以随时对其选项参数进行调整，且不会影响文字图层本身的属性。

◎素材文件：随书资源\06\素材\11.jpg
◎最终文件：随书资源\06\源文件\应用样式突出主题文字.psd

步骤 01 创建新文件，选择"钢笔工具"，在画面中绘制不同形状的图形，并为其填充上合适的颜色。

步骤 02 选择"圆角矩形工具"，在选项栏中设置"半径"为 50 像素，在画面中绘制图形并为其填充上合适的颜色。

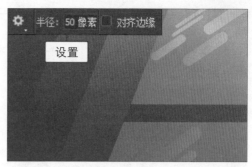

步骤 03 执行"文件 > 置入嵌入对象"菜单命令，将 11.jpg 素材图像置入到画面中，❶使用"钢笔工具"沿商品图像边缘绘制路径，❷执行"图层 > 矢量蒙版 > 当前路径"菜单命令，创建矢量蒙版。

步骤 04 ❶按住 Ctrl 键单击"11"图层的矢量蒙版缩览图，载入蒙版选区，新建"曲线 1"调整图层，打开"属性"面板，❷在面板中单击并拖动曲线，提亮图像，❸选中"11"图层和"曲线 1"图层，按下快捷键 Ctrl+Alt+G，创建剪贴蒙版。

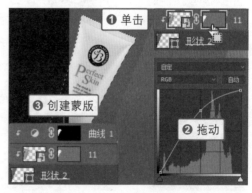

步骤 05 ❶复制两次"11"图层和"曲线 1"图层，分别将其移到"形状 3"和"形状 4"图形上方，❷创建"色相/饱和度 1"调整图层，设置"色相"为 +133，❸创建"色相/饱和度 2"调整图层，设置"色相"为 -65，应用设置的参数值更改图像颜色。

步骤 06 ❶选择工具箱中的"横排文字工具"，在画面中单击输入所需的文字，打开"字符"面板，❷在面板中设置文本属性。

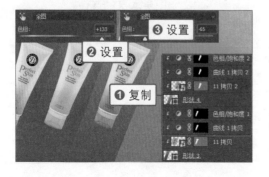

步骤 07 ❶双击文本图层，打开"图层样式"对话框，❷在对话框中单击并设置"图案叠加"样式。

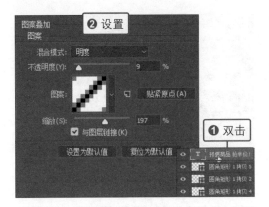

步骤 09 关闭"图层样式"对话框，返回图像窗口，查看为文字添加样式后的效果。

步骤 11 ❶双击文本图层，打开"图层样式"对话框，❷在对话框中单击并设置"投影"样式，完成设置后单击"确定"按钮。

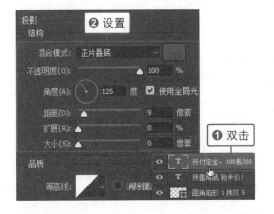

步骤 08 ❶在"图层样式"对话框中单击"投影"样式，❷设置样式选项，设置完成后单击"确定"按钮。

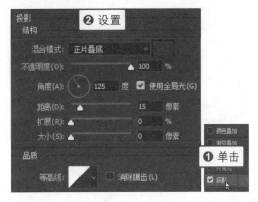

步骤 10 ❶选择"横排文字工具"，在画面中单击输入所需的文字，打开"字符"面板，❷在面板中设置文本属性。

步骤 12 关闭"图层样式"对话框，返回图像窗口，查看为文字添加"投影"样式后的效果。

步骤 13 使用"矩形工具"在画面中右上角绘制所需的图形，然后在图形上方和右侧输入相应的文字。

步骤 14 ❶双击"天猫美妆节"文本图层，打开"图层样式"对话框，❷在对话框中单击"投影"样式，并设置样式选项。

步骤 15 确认设置，返回图像窗口，可以看到为文字添加的"投影"样式效果。

实例59 批量添加文字水印

　　在装修的设计图中加添加水印不但可以防止图片被盗用，保护版权，还可以让图片为自己的网店地址和品牌做宣传。当我们只需在某张图像中添加文字水印时，只需要打开图片，应用文字工具输入文字即可，如果需要为多张图片添加文字水印，则可以创建动作，将制作水印的过程记录下来，通过批处理的方式实现。

◎ 素材文件：随书资源\06\素材\12.jpg、13（文件夹）
◎ 最终文件：随书资源\06\源文件\批量添加文字水印.psd、加水印（文件夹）

步骤 01 打开 12.jpg 素材图像，打开"动作"面板，单击面板下方的"创建新动作"按钮。

步骤 02 打开"新建动作"对话框，❶在对话框中输入需要添加的动作名称，❷单击"记录"按钮。

步骤 03 开始记录动作，这时"动作"面板中的"开始记录"按钮显示为正在记录状态，单击工具箱中的"横排文字工具"按钮。

步骤 04 ❶使用"横排文字工具"在画面中单击，输入店铺名称，输入后打开"字符"面板，❷在面板中设置字体、字体大小及字符间距等。

步骤 05 将鼠标指针移到输入的文字下方，❶单击鼠标，输入更多文字，打开"字符"面板，❷在面板中调整文字的字体大小、行距和间距等。

步骤 06 ❶同时选中"图层"面板中的两个文本图层，❷设置图层的"不透明度"为70%，降低透明度效果。

步骤 07 单击"动作"面板中的"停止播放/记录"按钮■，停止动作的记录操作。

步骤 08 ❶执行"文件 > 自动 > 批处理"对话框，❷在对话框中选择应用的批处理动作，❸并指定要处理的源文件。

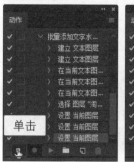

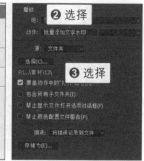

步骤 09 再在"批处理"对话框右侧的"目标"选项组中指定存储文件的目标文件夹，完成后单击"确定"按钮。

步骤 10 开始进行文件的批处理操作，在处理完成一张图像后将弹出"另存为"对话框，❶单击对话框中的"保存"按钮，❷再单击"确定"按钮，存储文件。

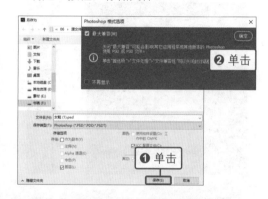

步骤 11 完成图像的批处理操作，在指定的目标文件夹中即可看到通过批处理操作添加的水印效果。

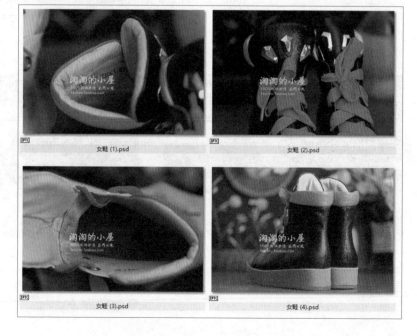

第 7 章
初识网店装修的
基础 HTML 代码

　　在进行网店装修时，装修后台提供了一些装修模板，但是直接运用模板装修出来的网店难免会给人留下千篇一律的印象，因此，为了装修出更具个性化的网店效果，就需要通过修改后台的 HTML 代码来实现。对于不熟悉 HTML 代码的装修人员来说，编写 HTML 代码是比较困难的，在这种情况下，运用 Dreamweaver 软件来帮助装修人员设置和编辑 HTML 代码就显得非常必要。在 Dreamweaver 中，可以快速制作基础的 HTML 代码，并实时查看到代码装修的效果等。

实例60 | 设置装修页面标题

HTML 文档的标题将显示在浏览器的标题栏中，用于说明文件夹用途，这个功能是可以应用 HTML 中的 <title> 标签来定义的。<title> 标签是 HTML 规范所要求的，在 HTML 文档的起始和结束标签之间可以设置简述文档内容的标题。

◎ 素材文件：随书资源\07\素材\01.html
◎ 最终文件：随书资源\07\源文件\设置装修页面标题.html

步骤 01 打开 01.html 文档，在下方的"代码"视图中可以看到当前文档标题为 01。

步骤 02 将鼠标指针移至 <title> 中间位置，单击并拖动，选中标题"01"，使其呈反相显示状态。

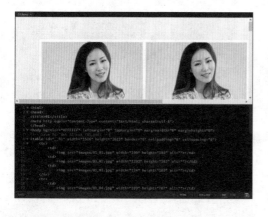

步骤 03 输入文字"商品图片陈列区"。

步骤 04 保存修改后的文件，使用浏览器打开页面浏览效果，可以看到标题栏中显示的标题文字。

实例61 为装修页面添加关键字和描述信息

装修网店时，可以为页面添加关键字或描述文字等一些重要的网页信息。在 Dreamweaver 中，可以应用 <mate> 标签中的 name 和 content 属性来指定页面关键字页面配色及版式构图等相关描述信息。

◎ 素材文件：随书资源\07\素材\02.html

◎ 最终文件：随书资源\07\源文件\为装修页面添加关键字和描述信息.html

步骤 01 打开 02.html 素材文档，将光标定位在 <title> 标签的下方。

步骤 02 输入代码 <meta name="description "content="奇奇眼镜专营店 - 官方网站 "><meta name="keywords"content=" 板 材 加 金 属，2018 年夏季 ">。

```
1  <html>
2  <head>
3  <title>02</title>    定位
4
5  <meta http-equiv="Content-Type" content
6  </head>
7  <body bgcolor="#FFFFFF" leftmargin="0"
8  <!-- Save for Web Slices (02.jpg) -->
9  <table id="__01" width="1216" height="3
10     <tr>
11        <td>
12           <img src="images/02_01.jpg"
13     </tr>
```

步骤 03 输入完成后，❶执行"文件 > 另存为"菜单命令，打开"另存为"对话框，❷在对话框中设置文件名，存储文件，虽然此时看不到页面显示效果的变化，但是已经有了可以供搜索引擎搜索的相关信息。

技巧提示 通过插入的方式添加关键字和说明信息

在 Dreamweaver 中，要添加关键字和描述信息，除了通过代码的方式实现，也可以通过执行"插入"命令实现。将光标定位到 <title> 标签下方，执行"插入 >HTML> keywords"菜单命令，在打开的 Keywords 对话框中输入关键字，并以逗号隔开，如下一图所示；若添加说明信息，则将光标定位在相应位置，执行"插入 >HTML> 说明"菜单命令，在打开的"说明"对话框中输入内容，如下二图所示。插入后的效果如下三图所示。

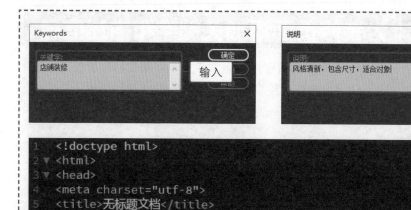

```
1  <!doctype html>
2 ▼ <html>
3 ▼ <head>
4  <meta charset="utf-8">
5  <title>无标题文档</title>
6      <meta name="keywords" content="店铺装修">
7      <meta name="description" content="风格清新，包含尺寸，适合对象">
```

实例62 | 制作页面刷新自动跳转页面

在 Dreamweaver 中，使用刷新元素可以指定浏览器在一定的时间后自动刷新页面，方法是重新加载当前页面或转到不同的页面。该元素通常用于在显示了说明 URL 已改变的文本消息后，从一个 URL 重定向到另一个 URL。

◎ 素材文件：随书资源\07\素材\03.html
◎ 最终文件：随书资源\07\源文件\制作页面刷新效果.html

步骤 01 打开 03.html 素材文档，将光标定位在 <title> 标签下方。

步骤 02 输入代码 <meta http-equiv="refresh" content="8;URL=https://item.taobao.com/item.htm?spm=a230r.1.14.27.17793638l4MQRA&id=547835768573&ns=1&abbucket=8#detail">。

步骤 03 保存文件，使用浏览器打开页面浏览效果，等待 8 秒后，浏览器将会自动刷新并跳转到指定的页面。

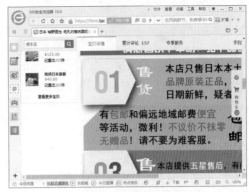

实例63 链接外部样式快速更改页面外观

　　使用外部样式表是将同一样式同时应用于多个页面的理想方法。外部样式表可以使用任何一个文字编辑器来编写，文件中不应包含任何的 HTML 标签，并以 .CSS 为后缀进行保存。通过应用外部样式表，设计者只需要改动一个文件就能改变整个装修页面的外观。在 Dreamweaver 中，要为页面中的对象链接外部样式，可以使用 <link> 标签，<link> 标签只能被用在 head 区域。

◎ 素材文件：随书资源\07\素材\04.html
◎ 最终文件：随书资源\07\源文件\链接外部样式快速更改页面外观.html

步骤 01 打开存储 html 素材文档的根目录，右击鼠标，在弹出的快捷菜单中执行"新建 > 文本文档"菜单命令，创建一个名为"链接样式"的纯文本文档。

步骤 02 打开新创建的文本文档，在文档中输入背景颜色、文字大小和颜色等源代码，输入后执行"文件 > 保存"菜单命令。

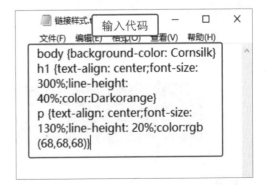

步骤 03 ❶选择创建的"链接样式"文档，❷单击功能区中的"重命名"按钮，❸将文档的扩展名更改为 .css。

步骤 04 打开 04.html 素材文档，将光标定位在 <title> 标签后面，按 Enter 键换行。

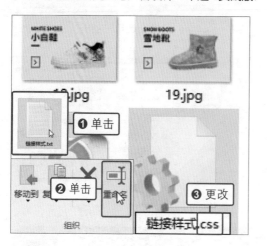

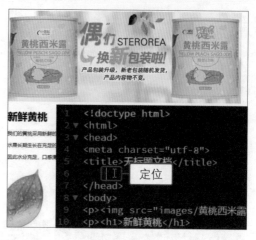

步骤 05 输入代码 <link href=" 链接样式 .css" rel="stylesheet"type="text/css">。

步骤 06 在 "实时视图" 下查看链接的样式，可看到更改背景颜色、文本大小及颜色后的效果。

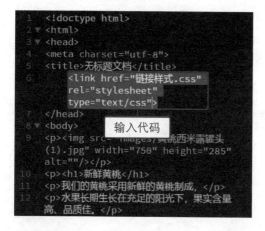

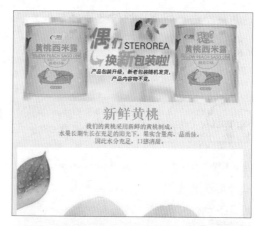

步骤 07 单击工作窗口左上角的 "链接样式 .css" 标签，显示 css 样式代码。

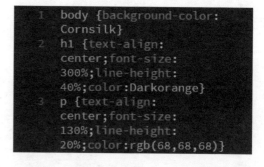

步骤 08 将光标定位于<h1>标签内的font-size:300%代码后，❶输入代码font-family：'隶书'，❷在 "实时" 视图下可以看到标题文字字体修改为隶书的效果。

步骤 09 将光标定位于<P>代码内的font-size:130%代码后，❶输入代码font-family：'隶书'，❷将标题下方的文字也更改为隶书。

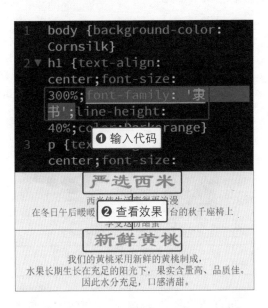

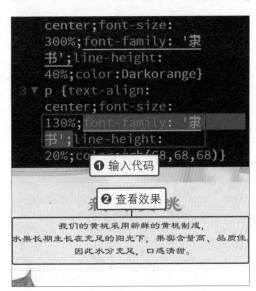

实例64　设置装修页面前景颜色

网页页面中的颜色一般分为前景色和背景色。前景色的分类较多，包含了文字颜色、链接颜色等。在 Dreamweaver 中，前景颜色通过 <body> 标签设置，只要在标签中加上一些简单的属性即可，如为装修页面中的指定内容设置合适的前景色，在标签中加上 text 属性可设置一般文字颜色；加上 link 属性可设置链接的颜色；加上 alink 属性可设置"按下链接"的颜色；加上 vlink 属性可设置"按下链接后"的颜色。

◎ 素材文件：随书资源\07\素材\05.html

◎ 最终文件：随书资源\07\源文件\设置装修页面前景颜色.html

步骤 01 打开 05.html 素材文档，在"实时视图"下可看到除标题文字外，其余文本显示为黑色。

步骤 02 在"文档"窗口中的"代码"视图下，将光标定位在 <body> 标签的内部。

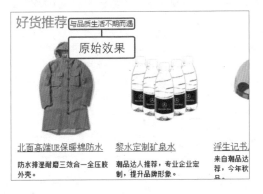

步骤 03 修改 <body> 标签代码为 <body text="#878787">。

```
1    <!doctype html>
2 ▼  <html>
3 ▼  <head>
4    <meta charset="utf-8">
5    <title>无标题文档</title>
6    </head>
7 ▼  <body text="#878787">
8    <p style="font-family: '微软
     雅黑';    修改代码    : medium;">
     <span style="color: #0181DF;
     font-size: 24px;">好货推
     荐</span> <span style="font-
     size: small">与品质生活不期而
     遇</span>
```

步骤 04 在"实时视图"中可以看到除标题文字外的其他文字更改为了浅灰色效果。

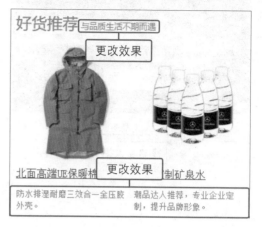

步骤 05 若要更改链接颜色，将 <body> 标签内的代码修改为 <body text="#878787" link="#900b09"vlink="#FF0036"。

```
1    <!doctype html>
2 ▼  <html>
3 ▼  <head>
4    <meta charset="utf-8">
5    <title>无标题文档</title>
6    </head>
7    <body text="#878787"
     link="#900b09" vlink="
     #FF0036">
8    <p styl   "f   t family: '微
     软雅黑';   修改代码   e:
     medium;"><span
```

步骤 06 在"文档"窗口中的"实时视图"下查看设置效果，应用鼠标单击链接，可看到链接颜色发生了相应的变化。

 实例65 | **设置装修页面背景颜色**

装修页面的背景色决定了网店在买家心目中的整体印象，如背景色十分素雅，整体就会给人以素雅的感觉。在进行网店装修时，可以利用 <body> 标签中的 bg-color 属性自定义装修页面的背景颜色。

◎ 素材文件：随书资源\07\素材\06.html

◎ 最终文件：随书资源\07\源文件\设置装修页面背景颜色.html

步骤 01 打开 06.html 素材文档，在"文档"窗口中的"实时视图"下可看到设置前页面背景颜色为默认白色。

步骤 02 切换到"代码"视图，将光标定位在 <body> 标签的内部。

步骤 03 将 <body> 标签代码修改为 <body bgcolor="#F8EBB7">。

步骤 04 在"文档"窗口中的"实时"视图下可看到背景颜色变为了浅橙色。

实例66 | 为页面添加背景图像

　　装修网店时，除了可以为页面指定纯色背景，也可以选择与网店风格及销售商品相对一致的图像作为背景效果。当指定图像作为页面背景时，如果这个图像的尺寸比浏览器窗口的小，图像就会不断重复排列，直到铺满整个浏览器窗口为止。

◎ 素材文件：随书资源\07\素材\07.html、08.jpg

◎ 最终文件：随书资源\07\源文件\为页面添加背景图像.html

步骤 **01** 打开 07.html 素材文档，可以看到页面应用白色背景效果，将光标定位在 \<body\> 标签的内部。

步骤 **02** ❶修改 \<body\> 标签代码为 \<body background=""\>，❷在弹出的提示列表中单击"浏览"选项。

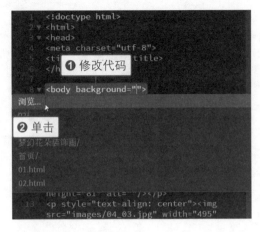

步骤 **03** 打开"选择文件"对话框，❶在对话框中单击选中需要使用的背景图像，❷单击"确定"按钮。

步骤 **04** 完善代码，在"实时视图"下查看应用代码，更改纯色背景，为装修页面添加新的背景图像的效果。

实例67 | 调整装修页面页边距

在进行网店装修的时候，为了让版面呈现更工整的效果，可以为页面中的图像设置统一的页边距。在 Dreamweaver 中，利用 \<body\> 标签下的 topmargin、leftmargin、rightmargin 和 bottommargin 属性可以设置页面主体内容与页面四边的距离。其中 topmargin 属性用于设置相对于浏览器窗口上边边缘的距离；bottommargin 属性用于设置相对于浏览器窗口下边边缘的距离；leftmargin 属性用于设置相对于浏览器窗口左边边缘的距离；rightmargin 属性用于设置相对于浏览器窗口右边边缘的距离。

◎ 素材文件：随书资源\07\素材\09.html
◎ 最终文件：随书资源\07\源文件\调整装修页面页边距.html

步骤 01 用浏览器打开 09.html 素材文档，浏览原始的画面效果。

步骤 02 切换到"代码"视图，将光标定位在 <body> 标签的内部。

步骤 03 将 <body> 标签代码修改为 <body leftmargin="20" topmargin="20">。

步骤 04 在"文档"窗口中的"设计"视图下可以看到应用设置的代码更改对象上边距和左边距后的效果。

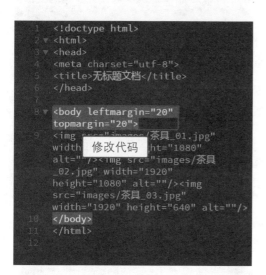

实例68 | 在页面中插入图片

图片在网店装修中占有非常重要的意义，在 Dreamweaver 中，可使用 <img> 标签来插入装修需要的图片。图像标签出现在哪里，浏览器就会把图像显示在哪里。<img> 是个单独标签，它只包含属性且没有结束标签，其代码格式为 <img src="url">。

◎ 素材文件：随书资源\07\素材\10.jpg~19.jpg
◎ 最终文件：随书资源\07\源文件\在页面中插入图片.html

步骤 01 执行"文件 > 新建"菜单命令，打开"新建文档"对话框，❶在对话框中选择文档类型为"HTML"，❷单击"创建"按钮。

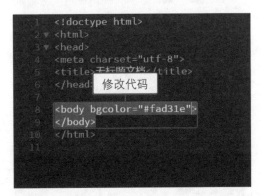

步骤 02 创建一个空白的 HTML 文档，在"代码"窗口显示原始代码。

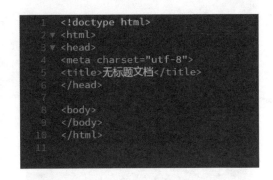

步骤 03 将光标定位于 <body> 标签内，将代码修改为 <body bgcolor="#fad31e">。

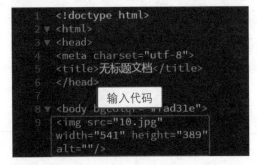

步骤 04 根据输入的代码更改页面背景颜色，在"实时视图"下预览效果。

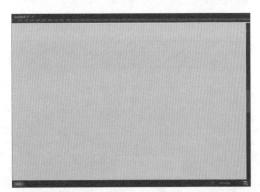

步骤 05 将光标定位于 <body> 标签的下方，进行添加图片代码的输入，输入代码 <img src="10.jpg" width="541" height="389" alt=""/>。

步骤 06 根据输入的代码插入商品图像，在"实时视图"下预览效果。

步骤 07 输入代码 <img src="11.jpg" width="541" height="389" alt=""/>。

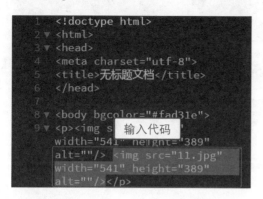

步骤 08 根据输入的代码插入商品图像，在"实时视图"下预览效果。

步骤 09 输入代码 <p> </p>，对文档进行换行。

步骤 10 输入代码 <img src="12.jpg" width="261" height="173" alt=""/>。

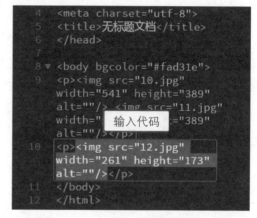

步骤 11 根据输入的代码插入新的装修图片，在"实时视图"窗口中预览效果。

知识扩展　**页面中的图片链接**

在 Dreamweaver 中设计装修布局时，为了实验不同的装修效果，会直接链接计算机中存储的图片。而在实际的网店装修工作中，需要先将计算机中制作好的图片上传到电商平台提供的图片空间，然后复制图片空间中的图片链接地址，用于页面的布局设计。

步骤 12 继续输入类似的添加图片代码，向页面中添加更多的图像，在"实时视图"窗口中预览添加图片的效果。

```
10    <p><img src="12.jpg"
      width="261" height="173"
      alt=""/> <img src="13.jpg"
      width="261" height="173"
      alt=""/> <img src="14.jpg"
      width="261" height="173"
      alt=""/> <img src="15.jpg"
      width="261" height="173"
      alt=""/></p>
11 ▼  <p><img src="16.jpg"
      width="261" height="173"
      alt=""/> <img src="17.jpg"
      width="261" height="173"
      alt=""/> <img src="18.jpg"
      width="261" height="173"
      alt=""/> <img src="19.jpg"
      width="261" height="173"
      alt=""/></p>
12    </body>
```

步骤 **13** 在"设计"视图下单击选中其中一张素材图像。

步骤 **14** 在"代码"视图中添加代码 width="263" height="175" alt=""，更改图像大小。

步骤 **15** 使用相同的方法，在"代码"视图下将下方的分类图像设置为相同的大小，然后在"设计"窗口中预览效果。

实例69 | 为商品图像添加标题文字

在装修网店的时候，可以应用标题文字突出要表现的主题。在 Dreamweaver 中，要定义标题文字，可以使用标题标签将其定义在 <h1>~<h6> 这个范围内，其中 <h1> 为最大的标题，<h6> 为最小的标题。

◎ 素材文件：随书资源\07\素材\20.html

◎ 最终文件：随书资源\07\源文件\为商品图像添加标题文字.html

步骤 01 打开 20.html 素材文档，在"代码"视图下拖动鼠标选中 <p> </p>。

步骤 02 修改代码为 <p> 设计师灵感
 Designer inspiration</p>。

步骤 03 输入代码后，在"设计"视图下可以看到在图片上方添加的文字效果。

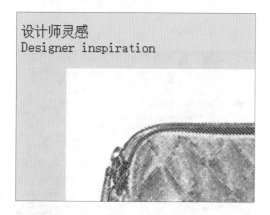

步骤 04 在"代码"视图下单击并拖动选中文字"设计师灵感"。

步骤 05 修改代码为 <h1> 设计师灵感 </h1>，将文字"设计师灵感"设置为最大的标题文字。

步骤 06 切换到"实时视图"，在此视图下查看效果，可以看到应用标题样式后的文字大小和间距的变化。

步骤 07 将光标置于 <h1> 内部，输入代码 align="center"。

步骤 08 将标题文字居中，在"实时视图"下查看居中的标题文字效果。

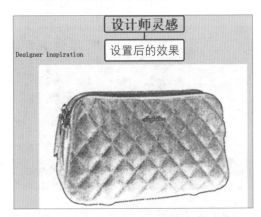

步骤 09 在"代码"视图中单击并拖动选中文字"Designer inspiration"。

步骤 10 修改代码为 <h3> Designer inspiration </h3>，将文字"Designer inspiration"设置为 3 号标题大小。

步骤 11 切换到"实时视图"，在下方的窗口中即可查看到将选中的文字更改得更大一些的标题效果。

步骤 12 将光标定位置于 <h3> 内部，输入代码 align="center"，将标题文字居中设置。

步骤 13 切换到"实时视图"，在标题文字下方可以看到居中设置的小号标题文字。

步骤 14 在"代码"视图下输入新的代码，并添加其他的文本内容。

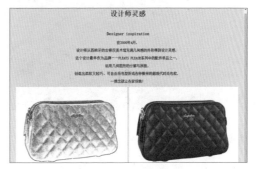

步骤 15 切换到"实时视图"，在小号标题文字下方显示添加的文本内容。

步骤 16 将光标置于每个标点符号后，按下 Enter 键，将文字分成多个段落。

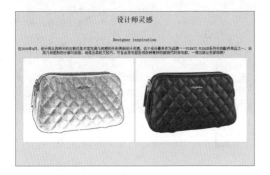

实例70 | 定义符合装修风格的文字效果

　　装修页面时，除了给页面添加标题文字外，还可添加一些其他的说明文字以完善页面装修效果。在 Dreamweaver 中，对于添加的文字，可以利用 \<font\> 标签定义文字的属性，例如：字体、字号或颜色等。

◎ 素材文件：随书资源\07\素材\21.html
◎ 最终文件：随书资源\07\源文件\定义符合装修风格的文字效果.html

步骤 01 打开 21.html 素材文档，可以看到未向页面添加文字时的效果，将光标定位于 `<p>` 标签后面。

步骤 02 修改标签内的代码为"周二实时上新 `<br>`11 月 20 日 10:00-11 月 21 日 24:00"。

步骤 03 切换到"实时视图"，在该视图下可看到添加的文字效果。

步骤 04 切换到"代码"视图，在此视图下将光标定位在文字"周二实时上新"前方。

步骤 05 输入代码 `<span style="font-family:' 黑体 ';font-size:36px;color:#960500;">`。

步骤 06 在"实时视图"下查看更改了文字字体、字号及颜色的效果。

步骤 07 将光标定位在 "11 月 20 日 10:00-11 月 21 日 24:00" 前方。

步骤 09 在 "实时视图" 下查看更改文字 "11 月 20 日 10:00-11 月 21 日 24:00" 的字体和字号后的效果。

步骤 11 输入代码 <style="text-align:center">。

步骤 08 输入代码 <span style="font-family:' 黑体 ';font-size:16px;">。

步骤 10 在 "代码" 视图下将光标定位在 <p> 标签内部。

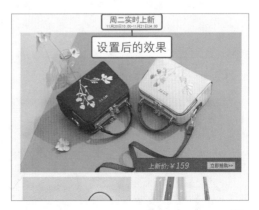

步骤 12 在 "实时视图" 下可以看到更改为居中对齐的文字效果。

知识扩展 选择平台支持的装修字体

虽然 Dreamweaver 也能为页面中的文本指定不同的字体样式，但是由于淘宝和京东等电商平台所支持的字体非常有限，因此在装修页面时，如果需要添加一些具有特色的字体，可以将文字添加到图片上，从而避免出现因网页不支持该字体而无法正确显示的情况，如右图所示。

实例71 | 添加文字修饰效果

在网店装修页面中，可以设置多种文字的修饰效果，例如，常用的粗体、斜体、下画线和下标字体等，其代码分别为 <b> 加粗字体 </b>、<i> 斜线字 </i>、<u> 下画线字 </u> 和 _{下标字}。

◎ 素材文件：随书资源\07\素材\22.html

◎ 最终文件：随书资源\07\源文件\添加文字修饰效果.html

步骤 01 打开 22.html 素材文档，在"实时"视图中预览编辑前的文字效果。

步骤 02 在"文档"窗口中的"代码"视图下，用鼠标单击并拖动选中文本"九门课程同步辅导，老师教到哪学到哪"。

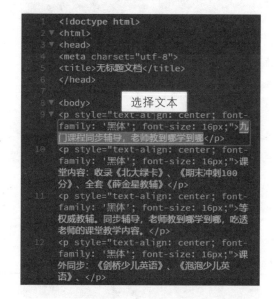

步骤 03 将选中文本代码修改为 <b> 九门课程同步辅导，老师教到哪学到哪 </b>。

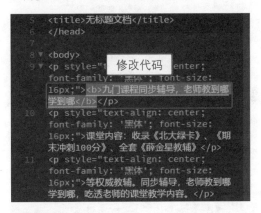

步骤 04 在"实时视图"下查看应用代码的效果，可看到选中文本被设置为了粗体。

步骤 05 在"代码"视图中单击并拖动，选中文本"《北大绿卡》"。

步骤 06 将选中文本代码修改为 <b><u>《北大绿卡》</u></b>。

步骤 07 在"实时视图"中查看应用代码效果，选中的文本被设置为粗体，并添加了下画线。

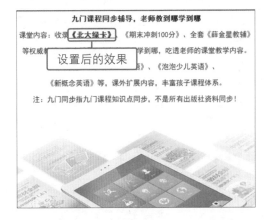

步骤 08 使用相同的方法，在"代码"视图中修改"《期末冲刺 100 分》""《薛金星教辅》"等重点文本代码。

步骤 09 ❶继续在"代码"视图中将文本"九门课程同步辅导，老师教到哪学到哪"字号设置为 25 px，❷文本"注：九门同步指九门课程知识点同步，不是所有出版社资料同步！"颜色设置为 #C90A0D。

实例72 | 应用水平线分隔店铺服务信息

　　当网店中需要展示的文字信息较多时，可以利用水平线对文字进行分隔处理，以提高内容的可读性。在 Dreamweaver 中，水平分隔线常用属性代码为 <hr width="value" size="value" color="color_value" noshade="noshade">。其中 width 属性用于指定水平线的宽度；size 属性用于指定水平线的高度；color 属性用于指定水平线的颜色；noshade 属性设置水平线只显示为一条色线，而没有初始时用两条线衬托出的凹槽效果。

◎ 素材文件：随书资源\07\素材\23.html
◎ 最终文件：随书资源\07\源文件\应用水平线分隔店铺服务信息.html

步骤 01 打开 23.html 素材文档，在"文档"窗口中的"代码"视图下输入文字和代码。

步骤 02 在"文档"窗口中的"实时视图"下查看添加的原始文字效果。

步骤 03 ❶在"代码"视图下单击并拖动选中文字"关于色差"，❷修改代码为 <b> 关于色差 </b>。

步骤 04 修改代码后，在"文档"窗口中的"实时视图"下查看图像，可以看到文字"关于色差"被设置为粗体的效果。

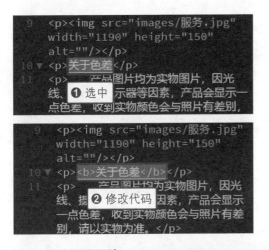

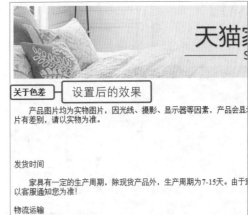

技巧提示　插入全角空格

在"设计"视图下，Dreamweaver 不支持在文本开头位置添加半角空格，因此直接在段落前按空格键是没有效果的，需要将输入法切换为全角状态，再在段落前方按下空格，就能设置出段落缩进的效果。

步骤 05 使用相同的方法在"代码"视图中修改代码"发货时间"和"物流运输"。

步骤 06 将光标定位于文字"请以实物为准"后面，输入代码 <hr size="1" color="#000000" noshade="noshade">。

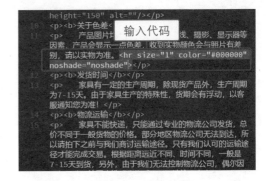

步骤 07 输入代码后，在"设计"视图中查看页面，可以看到文字下方添加了一条水平分隔线。

步骤 08 ❶选中输入的代码 <hr size="1" color="#000000" noshade="noshade">，❷执行"编辑 > 拷贝"菜单命令，复制代码。

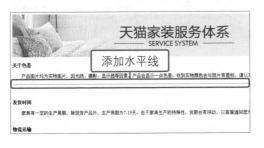

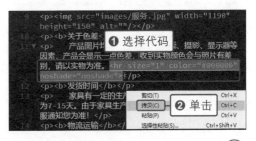

步骤 09 将光标定位于文字"以客服通知您为准！"后面，❶执行"编辑>粘贴"菜单命令，❷粘贴复制的代码。

步骤 10 粘贴代码后，在"设计"视图中查看页面，可以看到指定的文字下方也添加了一条相同的分隔线。

实例73 | 设置滚动的公告文字

在浏览一些网店时，可以在页面中的看到滚动的文字或图片，这种效果可以使用 Dreamweaver 中的 <marquee> 标签来制作。设置滚动文字效果时，可以在 <marquee> 标签内添加属性，控制滚动文字的宽度和高度等。

◎ 素材文件：随书资源\07\素材\24.html

◎ 最终文件：随书资源\07\源文件\设置滚动的公告文字.html

步骤 01 打开 24.html 素材文档，在"实时视图"下查看静态的公告文本。

步骤 02 切换到"代码"视图，将光标定位于公告文本前方，输入代码 <marquee width="420" height="230" scrollamount="2" direction="up">。

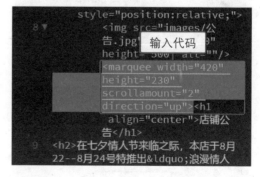

步骤 03 设置后在图像下方的一个宽度为420，高度为230的窗口中显示滚动的文字效果。

步骤 04 为让设置的滚动文字在图片中间实现滚动，在 <marquee> 标签前输入代码 <div style="position:absolut;left:285px; bottom;138px">。

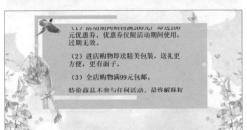

步骤 05 根据设置的代码重新定义滚动字幕的位置，此时在"实时视图"下可以看到在图像中间滚动的公告文字。

实例74 应用列表突出品牌发展历史

在页面中应用列表可以使要表现的内容结构更加清晰。很多网店为了表现品牌悠久的历史，会在页面中使用文字说明解释品牌发展历程，此时就可以使用列表来处理。在 Dreamweaver 中，利用 \<ol>、\<ul>、\<li> 等标签可以分别定义有序列表、无序列表及列表内容项。

◎ 素材文件：随书资源\07\素材\25.html
◎ 最终文件：随书资源\07\源文件\应用列表突出品牌发展历史.html

步骤 01 打开 25.html 素材文档，在"实时视图"下查看未制作列表时的画面效果，为了便于读者清晰区分每段文字，这里为项目设置无序列表。

步骤 02 将光标定位到文字"1923 年"前方，输入代码 \<ul type= "square">，确定创建的列表类型为无序列表、列表项目符号样式为方块。

步骤 03 选中文字"1923 年，萨尔瓦托勒·菲拉格慕 (Salvatore Ferragamo) 在好莱坞 Las Palmas 大道 开办好莱坞鞋店 (Hollywood Boot Shop)，成为电影女明星经常光顾的地方"。

步骤 04 修改代码为 <li>1923 年，萨尔瓦托勒·菲拉格慕 (Salvatore Ferragamo) 在好莱坞 Las Palmas 大道 开办好莱坞鞋店 (Hollywood Boot Shop)，成为电影女明星经常光顾的地方。</li>

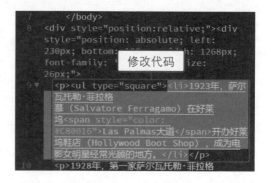

步骤 05 在"实时视图"下，可看到在段落前添加的方形列表标记。

步骤 06 ❶在"代码"视图下选择标签标记代码 <li>，❷执行"编辑 > 拷贝"菜单命令，拷贝代码。

步骤 07 将光标定位于文字"1928 年"前方，❶执行"编辑 > 粘贴"菜单命令，❷粘贴标签标记。

步骤 08 切换到"实时视图"，在该视图下查看复制粘贴的标签标记。

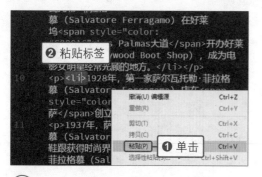

步骤 09 使用相同的方法，为其他的段落也添加相同的列表形记，分别在"代码"和"实时视图"下查看源代码和编辑后的效果。

实例75 ┃ 为页面中的商品指定链接

在装修页面的时候，需要使用超级链接去连接网络中的其他文件。使用 Dreamweaver 中的链接相关标签可以制作出各种各样的链接，如文字链接和图像链接等。标签 <a> 用于锚点；标签 <map> 用于定义图像地图；标签 <area> 用于定义图像地图的热点。

◎ 素材文件：随书资源\07\素材\26.html

◎ 最终文件：随书资源\07\源文件\为页面中的商品指定链接.html

步骤 01 打开 26.html 素材文档，在"文档"窗口中的"设计"视图下单击选中需要添加链接的对象。

步骤 02 切换至"文档"窗口中的"代码"视图下，将光标定位于 <img> 标签的前面。

步骤 03 在光标定位处输入代码 <a href=""> </a>，确定定义链接锚点。

步骤 04 打开浏览器页面，找到需要链接的网页地址，单击"复制地址"，复制相应的链接地址。

技巧提示 复制图片空间中图片的链接地址

　　装修网店时，可以将图片空间中的图片链接到 Dreamweaver 中。在"店铺管理"区域，单击"图片空间"选项，再单击要链接的图片下方的"复制链接"按钮，如右图所示，复制图片链接地址，然后返回 Dreamweaver，在需要粘贴链接地址的位置执行"编辑 > 粘贴"命令。

宝贝推荐 (6).jpg

步骤 05 返回 Dreamweaver 窗口，确认光标位于引号内，右击鼠标，在弹出的快捷菜单中执行"粘贴"命令。

步骤 06 将前面步骤中复制的网页地址粘贴到引号中间位置。

步骤 07 ❶使用鼠标单击并拖动，选择链接网址右侧的 </a> 标签，❷执行"编辑 > 拷贝"菜单命令。

步骤 08 将光标定位 </td> 标签前方，❶执行"编辑 > 粘贴"菜单命令，❷粘贴复制的标签，完成链接的编辑。

步骤 09 保存文件，按下快捷键 F12，使用浏览器打开添加了链接的页面，单击链接图片，就可以在新窗口中打开链接的页面。

实例76 ｜ 定义图片链接提示文字

　　装修网店时，除了要为图片指定相应的链接，有时候还需要设置链接提示文字，帮助浏览者更直观地了解链接的内容。在 Dreamweaver 中，要为链接添加提示文字，可以使用 title 属性来实现。

◎ 素材文件：随书资源\07\素材\27.html

◎ 最终文件：随书资源\07\源文件\定义图片链接提示文字.html

步骤 01 打开 27.html 素材文档，在"设计"视图下单击选中需要设置提示文字的对象。

步骤 02 在"代码"视图下可看到选中图片所对应的代码区，将光标定位于 <a> 标签的内部。

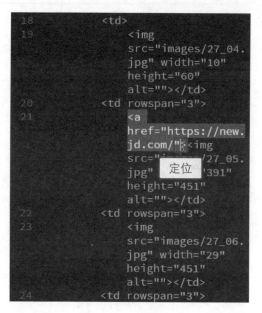

步骤 03 在标签中将代码修改为 <a href= "https://new.jd.com/" title=" 热门新品首发 ">。

步骤 04 切换到"实时视图"，将鼠标指针指向链接图片，可看到设置的链接提示文字。

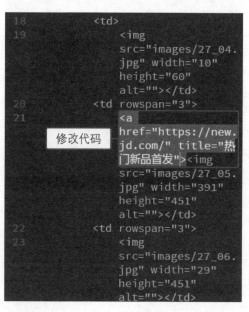

步骤 05 在"文档"窗口中的"设计"视图下使用鼠标单击选中另外一张需要设置链接提示的图像。

步骤 06 切换至"代码"视图，将光标定位于 <a> 标签的内部，修改代码为 <a href= "https://pro.jd.com/mall/active/32dnD-2m49uaRqjkDXAP3NbvDMRfd/index.html" title="11.28 声音狂欢节 ">。

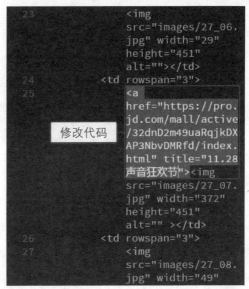

步骤 07 继续使用相同的方法，在"代码"视图下为其他链接图片设置相应的链接提示文字。

步骤 08 设置完成后保存文件，按下快捷键 F12，使用浏览器打开页面，将鼠标指针指向链接图片，就可以看到出现的提示文字。

第8章
运用可视化方式
添加页面元素

　　为了更好地展现商品，装修网店时可将处理好的图片和视频素材添加到页面中，通过适当的排列组合，制作出丰富多彩的页面效果。在 Dreamweaver 中，可以通过"插入"菜单或"插入"面板向页面中添加图像、视频和音频等多媒体文件，并可以结合"属性"面板对插入的图像、视频及音频等文件的相关属性进行设置。

实例77 插入图像制作商品陈列区

网店装修时，需要向页面中添加大量图片。在前面的章节中，我们介绍了通过代码向页面插入图片，这里采用可视化方式插入图片，执行"插入 >Image"菜单命令，或者单击"插入"面板中的"Image"按钮▣。将图像插入 Dreamweaver 文档后，HTML 源代码中会自动生成对该图像文件的引用。

◎ 素材文件：随书资源\08\素材\01.jpg～11.jpg
◎ 最终文件：随书资源\08\源文件\插入图像制作商品陈列区.html

步骤 01 创建一个新文档，执行"文件 > 页面属性"菜单命令，打开"页面属性"对话框，❶在对话框中单击选择"外观（HTML）"类别，展示"外观（HTML）"选项组，❷在选项组中单击"背景颜色"色块，❸从弹出的颜色选择器中选择一种颜色。

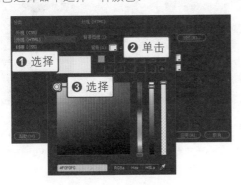

步骤 03 即可将选中的图像插入到页面中，❶将光标置于插入图像的尾部，按下键盘中的 Enter 键，对文档进行分段，❷单击"插入"面板中的"Image"按钮。

步骤 02 ❶执行"插入 >Image"菜单命令，打开"选择图像源文件"对话框，❷在对话框中单击选中需要插入的素材图像，❸单击"确定"按钮。

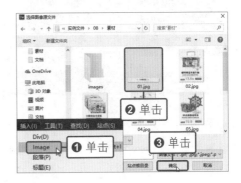

步骤 04 打开"选择图像源文件"对话框，❶在对话框中单击选中需要插入的图像，❷单击"确定"按钮，将选择的图像插入到光标所在位置，应用相同的方法，完成页面中更多图像的插入。

实例78 | 设置商品图像对齐方式

将图片插入到页面中以后，默认情况下图像采用左对齐方式显示在页面中，我们可以通过单击"属性"面板中的对齐按钮，更改图像的对齐方式。

◎ 素材文件：随书资源\08\素材\12.html

◎ 最终文件：随书资源\08\源文件\设置商品图像对齐方式.html

步骤 01 打开 12.html 素材文档，在浏览器中查看未调整对齐方式的页面效果。

步骤 02 返回 Dreamweaver 工作窗口，在"实时视图"下单击选中需要调整对齐方式的段落。

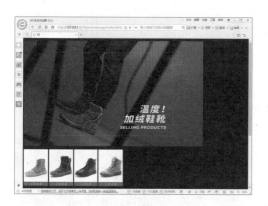

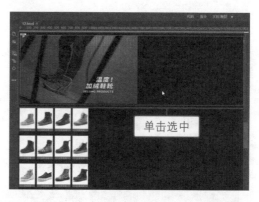

步骤 03 执行"窗口 > 属性"菜单命令，打开"属性"面板，单击"居中对齐"按钮，将段落中的图片更改为居中对齐效果。

步骤 04 在"代码"视图下，可以看到 \<img\> 标签前的代码变为 \<p style="text-align:center"\>。

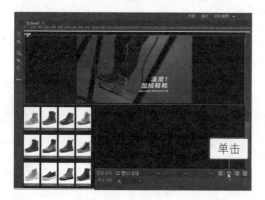

步骤 05 在"实时视图"下运用鼠标单击选中另一段需要调整对齐方式的段落。

步骤 06 执行"窗口 > 属性"菜单命令，打开"属性"面板，单击"居中对齐"按钮，将段落中的图片更改为居中对齐效果。

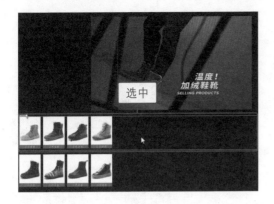

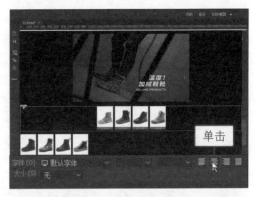

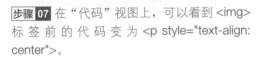

步骤 07 在"代码"视图上，可以看到 <img> 标签前的代码变为 <p style="text-align: center">。

```
10 ▼ <p style="text-align: center">
     <img src="images/鞋子 (2).jpg"
     width="232" height="337" alt=""/>
     <img src="images/鞋子 (3).jpg"
     width="231" height="337" alt=""/>
     <img src="images/鞋子 (4).jpg"
     width="231" height="337" alt=""/>
     <img src="images/鞋子 (5).jpg"
     width="231" height="337" alt=""/>
     </p>
```

步骤 08 使用相同的方法，选中其他段落，单击"属性"面板中的"居中对齐"按钮，将段落中的图像都设置为居中对齐，保存文件。使用浏览器打开文件，查看设置后的商品陈列区效果。

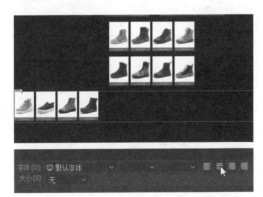

实例79 | 定义合适的图片大小

当添加到页面的图像大小不合适时，也可以使用 Dreamweaver 中的图像编辑功能对其进行调整。在 Dreamweaver 中，只需要选中图片，然后直接拖动或使用"属性"面板就能调整图像大小。

◎ 素材文件：随书资源\08\素材\13.html、14.jpg～16.jpg

◎ 最终文件：随书资源\08\源文件\定义合适的图片大小.html

步骤 01 打开 13.html 素材文档，执行"插入 > Image"菜单命令，将 14.jpg～16.jpg 包包图像置入到打开的文档页面中。

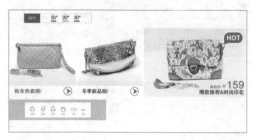

步骤 02 在"实时视图"下单击选中第一张需要调整大小的包包图像，执行"窗口 > 属性"菜单命令，打开"属性"面板。

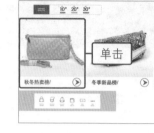

步骤 03 ❶在"属性"面板中单击"切换尺寸约束"按钮🔒，锁定长宽比，❷然后在"高"数值框中输入参数 360，根据长宽比，自动更改宽度。

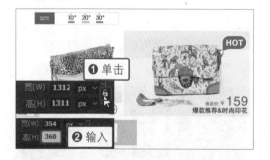

步骤 04 在"实时视图"下单击选中第二张包包图像。

步骤 05 打开"属性"面板，同样在"高"数值框中输入参数 360，根据长宽比，自动更改宽度。

步骤 06 在"实时视图"下单击选中最后一张需要调整大小的包包图像。

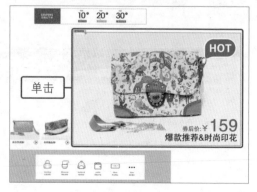

步骤 07 打开"属性"面板，同样在"高"数值框中输入参数 360，根据长宽比，自动更改宽度。

技巧提示　将图片存储到站点根目录

在页面中插入图像时，如果没有将图片保存在站点根目录下，则会弹出提示对话框，提醒用户将图片存储到站点内部，此时单击对话框中的"是"按钮即可。

步骤 08 在"实时视图"下单击下方白色的空白区域，选中整个页面中的所有对象。

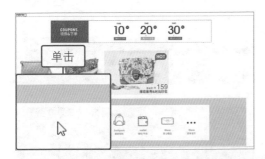

步骤 09 单击"属性"面板中的"居中对齐"按钮，将所有对象更改为居中对齐效果。

知识扩展　淘宝天猫网店上传的各类图片要求

装修淘宝天猫网店前，需要对页面中使用到的图片尺寸有一定的了解，否则容易因为上传的图片不符合要求而导致无法上传或出现图像压缩、不清晰等情况。下面简单介绍一下淘宝部分模块的尺寸和大小要求。

模块名称	尺寸（像素）	大小
店招	淘宝网店950×150和天猫商城店990×150，全屏店招1920×150	200 KB以内
店标图片	100×100	80 KB以内
旺旺头像	120×120	100 KB以内
商品描述图	500×500	120 KB以内
商品分类图	宽度不超过160，高度不限	50 KB以内
论坛头像图	120×120	100 KB以内
论坛签名档图	468×60	100 KB以内
公告栏图	宽度不超过480，高度不限	120 KB以内
侧栏图（收藏模块）	宽度为190，高度不限	—

实例80 | 裁剪突出画面中的商品主体

　　在页面中插入图像并排列好图像位置后，可以使用 Dreamweaver 内置的裁剪工具对图像进行裁剪。通过裁剪可以突出图像的主体，当选择"属性"面板中的裁剪工具或执行"编辑 > 图像 > 裁剪"菜单命令时，显示裁剪框后，调整裁剪框四角的调节柄就可以轻松完成图像的裁剪操作。

◎ 素材文件：随书资源\08\素材\17.html、18.jpg～20.jpg
◎ 最终文件：随书资源\08\源文件\裁剪突出画面中的商品主体.html

步骤 01 打开 17.html 素材文档，执行"插入 > Image"菜单命令，将 18.jpg 家居产品图像插入到页面中。

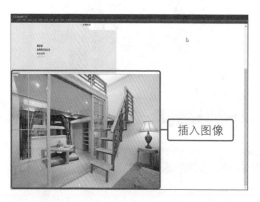

步骤 02 在"设计"视图下选中家居图像，❶单击"属性"面板中的"裁剪"按钮🔲，❷在弹出的对话框中单击"确定"按钮。

步骤 03 在图像上出现了一个裁剪框，❶在"属性"面板中将"宽"和"高"分别设置为 800 和 715，❷然后将裁剪框移到需要突出表现的商品位置。

步骤 04 双击画面，完成图像的裁剪操作，在图像窗口中的"实时视图"下查看裁剪后的画面效果。

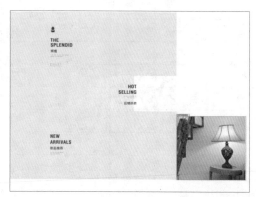

步骤 05 确认选中裁剪后的商品图像，切换到"代码"视图，将光标定位到 <img> 标签的前面。

步骤 07 在"实时视图"下查看图像，可以看到调整位置后，图像被放置在了背景图像中间位置。

步骤 09 切换至"设计"视图，❶在"属性"面板中单击"裁剪"按钮，❷在弹出的对话框中单击"确定"按钮。

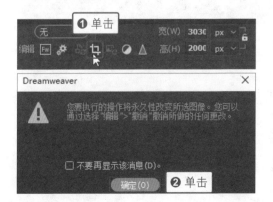

步骤 06 在光标定位处添加一段代码 <div style="position:absolute;left:940px;bottom:743px">，调整图像的位置。

步骤 08 执行"插入 >Image"菜单命令，将 19.jpg 家居产品图像插入到页面中。

步骤 10 在图像上出现了一个裁剪框，❶在"属性"面板中将"宽"和"高"分别设置为 650 和 320，❷然后将裁剪框移到需要保留的图像位置，双击裁剪图像。

步骤 11 在"代码"视图下，将光标定位于裁剪图像对应的 <img> 标签前，输入代码 <div style="position:absolute;left:400px;bottom:375px">，调整位置。

```
8 ▼  <body>
9    <img src="images/背景.jpg"
     width="1920" height="1883"
     alt=""/><div
     style="position:absolute;
     left:940px;        输入代码    px"><img
     src="18.jpg" width="800"
     height="715" alt=""/></div><div
     style="position:absolute;
     left:400px;bottom:375px"><img
     src="19.jpg" width="650"
     height="320" alt=""/></div>
10
11   </body>
12   </html>
```

步骤 12 使用相同的方法，将素材文件夹中的 20.jpg 商品图像也插入到页面中，通过裁剪并调整其位置，将其合并到背景图像上。

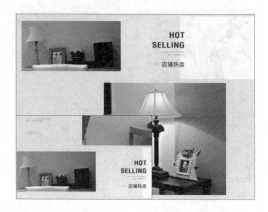

实例81 | 添加动态的GIF动画

由于淘宝、京东等电商平台不支持 Flash 动画，因此为了页面更具动感，可以在装修页面的时候添加一些 GIF 格式的动画。添加 GIF 动画图片的方法与添加其他静态图片的方法类似。

◎ 素材文件：随书资源\08\素材\21.html、22gif、23.gif
◎ 最终文件：随书资源\08\源文件\添加动态的GIF动画.html

步骤 01 打开 21.html 素材文档，在"文档"工具栏中单击"实时视图"，在"实时视图"下查看未添加 GIF 动画的原始效果。

步骤 02 切换至"代码"视图，将光标定位在 <body> 标签下方。

步骤 03 执行"插入 >HTML>Image"菜单命令，打开"选择图像源文件"对话框，❶单击选中 22.gif 图片，❷单击"确定"按钮。

步骤 04 这里要将动画图片置于店招图像右侧，在"设计"视图下单击选中插入的 gif 图片，在"代码"视图下可以看到对应的代码。

```
8 ▼   <body>
9     <img src="images/店招背
      景.jpg" width="990"
      height="150" alt=""/>
10    <img src="22.gif"
      width="234" height="120"
      alt=""/>
11    </body>
12    </html>
```

步骤 05 将光标定位于 <img> 标签前，输入代码 <div style="position:absolute;left:420px;top:0px">。

步骤 06 在 <img> 标签后输入配套的 </div>标签，在"设计"视图下可以看到插入的 gif动画被移到了店招右侧空白区域。

```
4     <meta charset="utf-8">
5     <title>21</title>
6     </head>
7
8 ▼   <body>
9     <img src="images/店招背
      景.jpg" w        "
      height="150  alt=""/>
10    <div
      style="position:absolute;
      left:460px;top:0px"><img
      src="22.gif" width="234"
      height="120" alt=""/>
11    </body>
12    </html>
```

输入代码

```
8 ▼   <body>
9     <img src="images/店招背
      景.jpg" width="990"
      height="150" alt=""/>
10    <div
      style="position:absolute;
      left:460px;top:0px"><img
      src="22.gif" width="234"
      height="120" alt=""/>
      </div>
11    </body>
```

步骤 07 执行"插入 >HTML>Image"菜单命令，打开"选择图像源文件"对话框，❶单击选中 23.gif 图片，❷单击"确定"按钮。

步骤 08 将选择的 gif 图片添加到页面中，在"设计"视图下单击选中插入的 gif 图片。

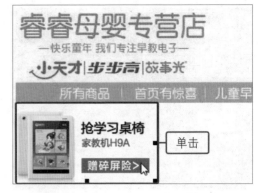

步骤 09 在"代码"视图下，修改代码为 <img src="23.gif" width="215" height= "120" alt=""/> 。

步骤 10 根据输入的代码，即可将 gif 图片置于店招右侧，保存文档，在浏览器中查看编辑的效果。

实例82 | 设置鼠标经过时的图像变换

在装修页面中添加鼠标经过时的图像变换效果，可以使页面更有活力。鼠标经过时的图像变换效果由主图像（首次加载页面时显示的图像）和次图像（鼠标指针移过主图像时显示的图像）两个不同的图像来实现。创建鼠标经过时的图像变换效果时，主图像和次图像的尺寸大小应相等，如果两个图像大小不同，Dreamweaver 将自动调整第 2 个图像的大小，以匹配第 1 个图像。

◎ 素材文件：随书资源\08\素材\24.html、25.jpg～30.jpg
◎ 最终文件：随书资源\08\源文件\设置鼠标经过时的图像变换.html

步骤 01 打开 24.html 素材文档，在"文档"窗口中，将光标定位在页面中。

步骤 02 执行"插入 >HTML> 鼠标经过图像"菜单命令，或者单击"插入"面板中的"鼠标经过图像"按钮。

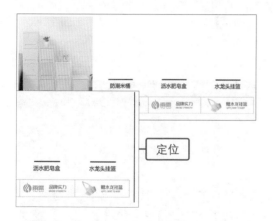

步骤 03 打开"插入鼠标经过图像"对话框，在对话框中单击"原始图像"右侧的"浏览"按钮。

步骤 04 打开"原始图像"对话框，❶在对话框中单击选择需要显示的原始图像，❷单击"确定"按钮。

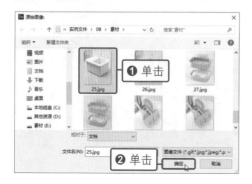

步骤 05 返回"插入鼠标经过图像"对话框，在对话框中单击"鼠标经过图像"右侧的"浏览"按钮。

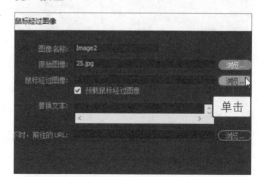

步骤 06 打开"鼠标经过图像"对话框，❶在对话框中单击选择鼠标经过时要显示的图像，❷单击"确定"按钮。

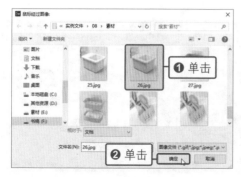

步骤 07 单击"插入鼠标经过图像"对话框中的"确定"按钮，将鼠标置于图像上，图像显示为彩色效果，移开则显示为黑白效果。

步骤 08 ❶选中图像，执行"窗口 > 属性"菜单命令，打开"属性"面板，❷在面板中输入"宽"为160，调整图像大小。

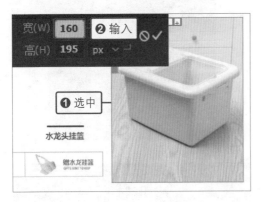

步骤 09 切换到"代码"视图，在该视图下自动选中图片所对应的 HTML 代码。

步骤 10 在 <a> 标签前方输入代码 。

步骤 11 根据输入的代码，调整插入鼠标经过图像的位置，将鼠标置于图像上时，图像变为彩色效果。

步骤 12 执行"插入 >HTML> 鼠标经过图像"菜单命令，打开"插入鼠标经过图像"对话框。

步骤 13 在"插入鼠标经过图像"对话框中设置原始图像为 27.jpg，鼠标经过图像为 28.jpg。

步骤 14 ❶单击选中插入的鼠标经过图像，打开"属性"面板，根据前面设置的参数，为了让图像的高度统一，❷在面板中输入"高"为 195。

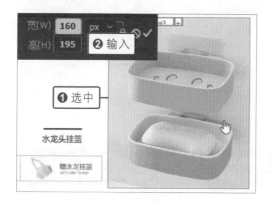

步骤 15 在"代码"视图下修改代码为 <imgsrc="27.jpg" alt="" width= "166" height="195" id="Image3"> 。

步骤 16 根据输入代码，将图像移到代码指定的位置上，在"设计"视图下查看编辑后的画面效果。

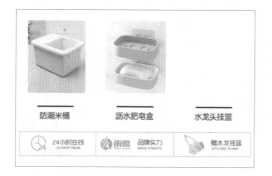

步骤 17 执行"插入 >HTML> 鼠标经过图像"菜单命令，打开"插入鼠标经过图像"对话框，分别设置原始图像为 29.jpg，鼠标经过图像为 30.jpg。

步骤 18 ❶单击选中图像，打开"属性"面板，根据前面设置的参数，❷将图像的高度也设置为 195。

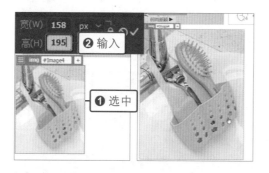

步骤 19 在"代码"视图下输入代码 。

步骤 20 根据输入代码，调整鼠标经过图像的位置，保存文档。使用浏览器打开页面，显示原始图像效果，将鼠标置于图像上时，图像将显示为彩色图像效果。

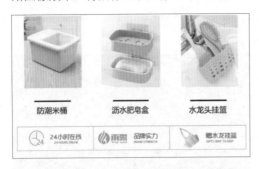
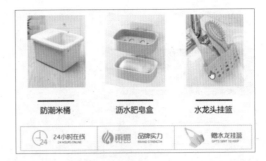

实例83 设置鼠标经过时的导航栏效果

按照插入鼠标经过图像的方法，可以为网店制作出更具特色的导航栏效果。其方法就是为导航栏设置不同的主图像和次图像。

◎ 素材文件：随书资源\08\素材\31.html、32.jpg～45.jpg

◎ 最终文件：随书资源\08\源文件\设置鼠标经过时的导航栏效果.html

步骤 01 打开 31.html 素材文档，❶在"设计"视图下单击选择要变换的导航图片，❷按下键盘中的 Delete，将其删除。

步骤 02 执行"插入 >HTML> 鼠标经过图像"菜单命令，❶在打开的对话框中输入图像名称为"首页"，❷单击"原始图像"右侧的"浏览"按钮。

步骤 03 打开"原始图像"对话框，❶在对话框中单击选择 32.jpg 素材图像，❷单击"确定"按钮。

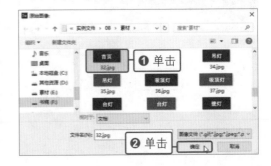

步骤 04 在"插入鼠标经过图像"对话框中可看到"原始图像"变为了 32.jpg，单击"鼠标经过图像"右侧的"浏览"按钮。

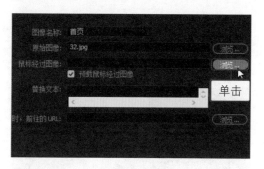

步骤 05 打开"鼠标经过图像"对话框，❶在对话框中单击选择 33.jpg 素材图像，❷单击"确定"按钮。

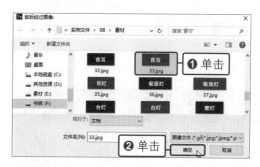

步骤 06 单击"插入鼠标经过图像"对话框中的"确定"按钮，返回"设计"视图，在此视图下显示插入的图像。

步骤 07 切换到"实时视图"，在此视图下将鼠标移到导航栏位置，可以看到变化颜色的导航栏效果。

步骤 08 使用相同的方法，删除其他需要设置变换效果的导航图片，然后通过执行"插入鼠标经过图像"命令，重新添加原始图像和鼠标经过的导航栏效果。

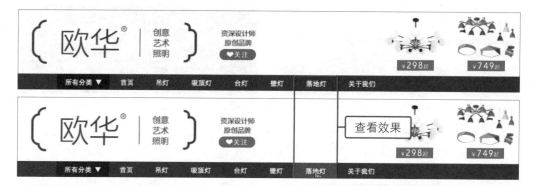

实例84　添加视频实现更完美的商品展示

在网店中，光靠图片营销是远远不够的，而且大量文字介绍费时又不讨好，所以很多网店会在装修的时候加入视频。在 Dreamweaver 中，可以通过插入的方式为装修页面添加视频，并且可以通过"属性"面板指定视频的宽度、高度及是否显示视频控件等。

◎ 素材文件：随书资源\08\素材\46.html、47.mp4
◎ 最终文件：随书资源\08\源文件\添加视频实现更完美的商品展示.html

步骤 01 打开 46.html 素材文档，在"设计"视图下预览初始的页面效果。

步骤 03 将 HTML5 视频元素插入到光标所在的位置，在"实时视图"下即可查看插入的视频元素。

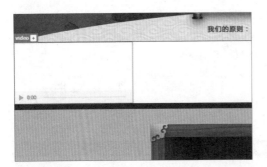

步骤 02 将光标定位于页面中，执行"插入 > HTML>HTML5 Video"菜单命令，或者单击"插入"面板中的"HTML5 Video"按钮。

步骤 04 打开"属性"面板，在面板中单击"源"选项右侧的文件夹图标，打开"选择视频"对话框。

步骤 05 ❶在"选择视频"对话框中单击选中需要插入的 47.mp4 视频文件，❷单击"确定"按钮。

知识扩展　选择支持的视频格式

　　不同浏览器对视频格式的支持有所不同。如果源中的视频格式在浏览器中不被支持，则会使用"Alt 源 1"或"Alt 源 2"中指定的视频格式。浏览器选择第一个可识别格式来显示视频。

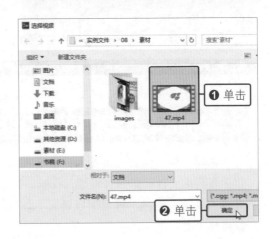

步骤 06 将选择的视频文件插入到 HTML5 视频元素中,在"实时视图"下查看插入的视频效果。

步骤 07 打开"属性"面板,❶在面板中输入"W"值为 480 像素,调整视频宽度,❷再勾选"loop"复选框,选择连续重复播放。

步骤 08 在"代码"视图下将光标定位在 <video> 标签的前面,输入代码 。

步骤 09 保存文档,执行"文件 > 实时预览 >360 安全浏览器"菜单命令,在选择的浏览器中预览添加的视频效果。

知识扩展 网店视频格式要求

　　大多数电商平台对于上传的视频格式和大小都有自己的要求,只有符合要求的视频,才能通过后台审核。淘宝仅支持上传 300 MB 以内 WMV、AVI、MPG、MEPG、3GP、MOV、MP4、FLV、F4V、M2T、MTS、RMVB、VOB、MKV 格式的视频文件;京东仅支持 30 MB 以内 MP4、AVI、MKV、RMVB 等主流视频格式的视频文件。

实例85 | 添加背景音乐提升浏览体验

　　背景音乐能给浏览网店的买家起到一个很好的引导作用，买家在浏览精美商品的同时，享受到美妙的音乐，有助于提高转化率。在 Dreamweaver 中，可以应用多种方式为页面添加音乐，但若要将音频文件作为页面的背景音乐，则需要通过嵌入的方式将其直接集成到页面中。

◎ 素材文件：随书资源\08\素材\48.html、49.mp3
◎ 最终文件：随书资源\08\源文件\添加背景音乐提升浏览体验.html

步骤 01 打开 48.html 素材文档，在"设计"视图下，将光标定位于页面中，打开"插入"面板，在面板中单击"插件"按钮。

步骤 02 ❶单击"之后"按钮，选择将音频文件插入到选中图片之后，打开"选择文件"对话框，❷在对话框中单击选择 49.mp3 音频文件，❸单击"确定"按钮。

步骤 03 将选择的音频文件插入到页面中，在"实时视图"下可以看到显示的插件占位符。

步骤 04 打开"属性"面板，在面板中将插件的"宽"和"高"均设置为 0，隐藏插件，保存文档，使用浏览器打开页面时将自动播放音乐。

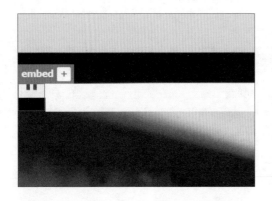

第 9 章
页面超链接与导航菜单设计

在页面中添加链接可以实现各装修页面之间的自由跳转。使用 Photoshop 完成网店首页、详情页及其他自定义装修页面的编排与设计后，要让这些页面相互连接起来，就需要为页面中的文本、图像或对象设置链接。在 Dreamweaver 中，可以通过创建文本链接、图片链接、锚点链接、热点地图和跳转菜单等多种方式为页面中的对象指定链接，实现各页面之间的自由跳转。

实例86 建立店铺内部页面的链接效果

内部链接是指同一网站域名下的内容页面之间互相链接。在网店装修中，通过建立内部链接，可以在不同的商品或商品类目间进行自由跳转。

◎ 素材文件：随书资源\09\素材\01.html、02.html
◎ 最终文件：随书资源\09\源文件\建立店铺内部页面的链接效果.html

步骤 01 打开 01.html 素材文档，在"设计"视图下选中需要创建内部链接的图像。

步骤 02 打开"属性"面板，在面板中单击"链接"文本框右侧的文件夹图标，以打开"选择文件"对话框。

步骤 03 ❶在"选择文件"对话框中单击选中需要链接的文档，❷单击对话框下方的"确定"按钮，选定链接的文档。

步骤 04 ❶单击"属性"面板中"目标"右侧的下拉按钮，❷在展开的列表中单击"_self"选项，设置链接文档打开的位置。

步骤 05 在"代码"视图下查看源代码，可以看到在 <img> 标签前添加的 <a href="02.html" target="_self"> 代码。

步骤 06 保存文档，在浏览器窗口中打开文档，单击已经创建内部链接的图像，即可在当前窗口中打开链接的文档。

知识扩展　指定链接文档位置

　　"属性"面板中的"目标"选项用于指定链接文档打开的位置。选择"_bank"选项时，将链接的文档载入一个新的、未命名的浏览器窗口；选择"new"选项，将链接文档载入一个新的窗口；选择"_parent"选项，如果是嵌套的框架，链接的文档会在框架的父框架或父窗口，如果包含链接的框架不是嵌套框架，则所链接的文档载入整个浏览器窗口；选择"_self"选项将链接的文档载入链接所在的同一框架或窗口；选择"_top"选项将链接的文档载入整个浏览器窗口，从而删除所有框架。

实例87 | 在店铺中应用外部链接

　　装修网店时，不但可以建立店铺内部的链接，也可以为页面中的对象创建外部网站链接。无论是图像还是文本，都可以创建链接到绝对地址的外部链接。创建外部链接时，只需要在"链接"框中输入链接的地址即可。

◎ 素材文件：随书资源\09\素材\03.html
◎ 最终文件：随书资源\09\源文件\在店铺中应用外部链接.html

步骤 01 在浏览器窗口中打开需要链接的网址，单击窗口上方的"复制网址"，复制地址。

步骤 02 打开 03.html 素材文档，单击选中页面中的图像。

步骤 03 打开"属性"面板，❶将光标定位于"链接"文本框中，右击鼠标，❷在弹出的快捷菜单中执行"粘贴"命令。

步骤 04 将复制的网页地址粘贴到"链接"文本框中，❶单击"目标"下拉按钮，❷在展开的下拉列表中选择"new"选项。

步骤 05 在"代码"视图下可以看到在 \<img> 标签前添加代码 \<a href=" https://market.m.taobao.com/apps/abs/10/401/f501b0?spm=a212j8.1694010.142530.24.18ceTHGGTHGG1u-&wh_weex=true&psId=1696012&wx_navbar_transparent=true&data_prefetch=true" target="new">。

```
 9 ▼        <tr>
10              <td colspan="3">
11                  <img src="../素材/images/03_01.jpg" width="1920"
                    height="210" alt=""></td>
12          </tr>
13 ▼        <tr>
14              <td rowspan="2">
15                  <img src="../素材/images/03_02.jpg" width="1671"
                    height="936" alt=""></td>
16              <td><a
                href="https://market.m.taobao.com/apps/abs/10/401/f501b0?
                spm=a212j8.1694010.142530.24.18ceTHGGTHGG1u&wh_weex=true&ps
                Id=1696012&wx_navbar_transparent=true&data_prefetch=true"
                target="new"><img src="../素材/images/03_03.jpg" width="222"
                height="147" alt=""></a></td>
17              <td rowspan="2">
18                  <img src="../素材/images/03_04.jpg" width="27"
                    height="936" alt=""></td>
19          </tr>
```

步骤 06 保存文档，在浏览器窗口中打开文档，单击页面中创建外部链接的图像，在一个新窗口中打开链接的页面。

实例88 | 创建文本链接快速跳转页面

文本链接是网店装修时经常会应用到的一项操作。通过为店铺中的文字创建链接，可以快速切换到不同的页面中。创建文本链接的方法与创建其他链接的方法相同，只需要选中需要设置链接的文本，再选择链接的文档或输入链接的 URL 地址即可。

◎ 素材文件：随书资源\09\素材\04.html、05.html

◎ 最终文件：随书资源\09\源文件\创建文本链接快速跳转页面.html

步骤 01 打开 04.html 素材文档，在"实时视图"下单击并拖动，选中需要创建链接的文本。

步骤 02 打开"属性"面板，单击"链接"选项右侧的文件夹图标。

步骤 03 打开"选择文件"对话框，❶在对话框中单击选择链接文档 05.html，❷单击"确定"按钮。

步骤 04 创建文本链接，链接文本颜色变为蓝色，并在下方显示下画线，在"代码"视图下可以看到修改的代码效果。

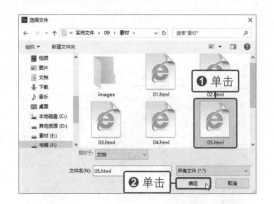

步骤 **05** 保存文档，在浏览器窗口中打开页面，单击创建链接的文本对象，切换到指定的链接文档。

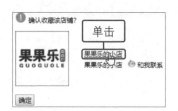

实例89 | 创建锚点链接返回页面顶部

在一些装修好的网店中，有时会在页面底部或侧边栏位置出现一个"返回顶部"的字样，这就是相对简单的锚点链接。使用锚点链接可以快速跳转到页面中的特定部分。创建锚点链接的过程分为创建命名锚点和创建到该命名锚点的链接两个步骤。

◎ 素材文件：随书资源\09\素材\05.html
◎ 最终文件：随书资源\09\源文件\创建锚点链接返回页面顶部.html

步骤 **01** 打开 05.html 素材文档，在"文档"窗口中，选择并突出显示要设置为锚点的项目。

步骤 **02** 打开"属性"面板，在面板中的 ID 文本框中单击，输入锚点名为"页首"，完成锚点的创建。

步骤 03 在"文档"窗口的"设计"视图中，拖动窗口右侧的滑块，移到页面底部，单击选择要创建链接的图像。

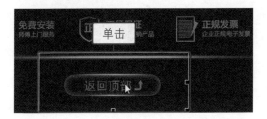

步骤 04 打开"属性"面板，在面板中的"链接"框中键入一个 # 和锚点名称，将图像链接到设置的锚点位置。

步骤 05 保存文档，在浏览器中打开页面，单击页面底部的"返回顶部"按钮，可以返回到页面的顶部。

技巧提示　链接到其他文档

创建锚点链接时，若要链接到同一文件夹内其他文档中的锚点，则需要在"链接框中"键入"filename.html# 锚点名称"。

实例90 ｜ 定义矩形热点的店铺链接

在装修网店时，除了可以为选定的图像添加链接，也可以对图像中的部分区域建立链接。若要对图像的某个区域应用链接，则可以通过创建热点的方式实现。Dreamweaver 中提供了 3 个创建热点链接的工具，当需要在页面中创建具有矩形外观的热点链接时，可以使用"矩形热点工具"，在页面中单击并拖动，绘制热点区域，然后为绘制的热点区域指定链接文件。

◎ 素材文件：随书资源\09\素材\06.html～10.html

◎ 最终文件：随书资源\09\源文件\定义矩形热点的店铺链接.html

步骤 01 打开 06.html 素材文档，在"文档"窗口中单击选中需要创建热点的图像。

步骤 02 在"属性"面板中单击右下角的展开箭头，查看所有属性，然后在"地图"文本框中为该图像地图输入一个唯一的名称。

步骤 03 ❶单击"属性"面板中的"矩形热点工具"按钮▣，❷将鼠标指针移到图像上需要创建热点的区域，单击并拖动，❸创建一个矩形热点。

步骤 04 在"属性"面板中，❶单击"链接"文本框右侧的文件夹图标，❷在打开的对话框中选择单击该热点时要打开的文件，❸单击"确定"按钮。

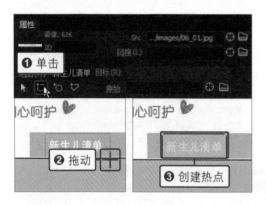

步骤 05 ❶在"属性"面板中单击"目标"下拉按钮，❷在展开的下拉列表中单击选择"_bank"选项。

步骤 06 使用"矩形热点工具"在页面中的导航栏菜单上单击并拖动，定义图像地图中的其他热点。

步骤 07 ❶右击绘制的矩形热点区，❷在弹出的快捷菜单中执行"链接"菜单命令，打开"选择文件"对话框。

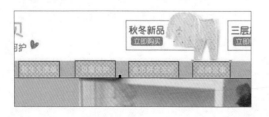

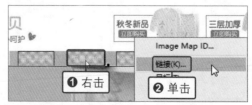

步骤 08 ❶在"选择文件"对话框中单击选择该热点时要打开的文件，❷然后单击"确定"按钮。

步骤 09 在"属性"面板中的"目标"下拉列表中选择链接文件打开的位置，使用相同方法为其他热点地图设置相应的链接和打开方式。

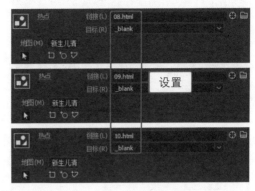

步骤 10 保存文档，在浏览器中打开添加热点链接的页面，单击创建热点地图区域，即可在一个新的、未命名的浏览器窗口中打开链接的文档。

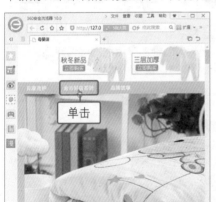

技巧提示 首页导航装修

　　在 Dreamweaver 中为店招设置热点并添加链接后，在"代码"视图下选择并复制代码，打开网店装修后台，单击店招位置的"编辑"按钮，在出现的窗口中选择"自定义招牌"，然后单击"源码"按钮 ，把复制的代码粘贴进去，完成首页导航装修。

实例91 | 定义圆形热点的店铺链接

　　在页面中除了可以使用"矩形热点工具"创建链接热点外，还可以使用"圆形热点工具"创建具有圆形外观的热点区域。其操作方法和"矩形热点工具"操作方法相似，在"属性"面板中选择"圆形热点工具"，然后绘制热点区并为其指定链接文档。

◎ 素材文件：随书资源\09\素材\11.html
◎ 最终文件：随书资源\09\源文件\定义圆形热点的店铺链接.html

步骤 01 打开 11.html 素材文档，在"文档"窗口中选中需要创建热点的图像。

步骤 02 打开"属性"面板，❶在"地图"文本框中输入文字"分类导航"，❷然后单击下方的"圆形热点工具"按钮。

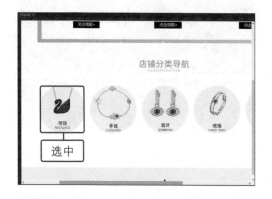

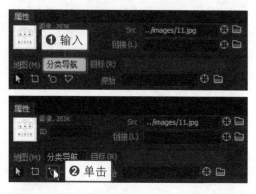

步骤 03 将鼠标指针移到要创建为热点链接的区域，单击并拖动鼠标，绘制圆形形状的热点区域。

步骤 04 ❶单击"属性"面板中的"指针热点工具"按钮，❷单击选中创建的热点区域，调整其大小和位置。

步骤 05 打开浏览器窗口，将鼠标置于网页地址栏位置，单击上方的"复制网址"图标，复制要链接的网页地址。

步骤 06 返回 Dreamweaver 中，❶将光标定位于"属性"面板中的"链接"文本框中，右击鼠标，❷在弹出的快捷菜单中执行"粘贴"命令。

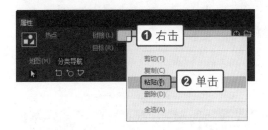

步骤 07 将复制的网页地址粘贴至链接文本框中，❶单击"目标"下拉按钮，❷在展开的下拉列表中选择"_blank"选项，指定链接文档的打开方式。

步骤 08 使用"指针热点工具"选中创建的圆形热点，按下快捷键 Ctrl+C 和 Ctrl+V，复制并粘贴热点，将复制的圆形热点向右移到另一个分类上方。

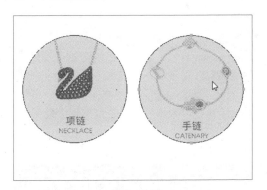

步骤 09 在浏览器窗口中打开要复制链接的网页地址，将鼠标置于网页地址栏位置，单击上方的"复制网址"图标。

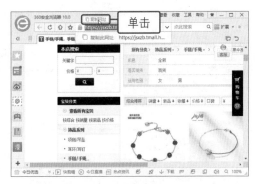

步骤 10 返回 Dreamweaver，将光标定位于"属性"面板中的"链接"文本框中，删除文本框中已有的链接，按下快捷键 Ctrl+V，粘贴新复制的网页地址。

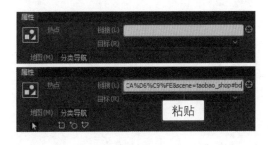

步骤 11 将复制的网页地址粘贴至链接文本框中，❶单击"目标"下拉按钮，❷在展开的下拉列表中选择"_blank"选项，为链接文档选择相同的打开方式。

步骤 12 使用相同的方法复制圆形热点，并将其移到不同的商品分类上，然后分别为其指定不同链接效果。

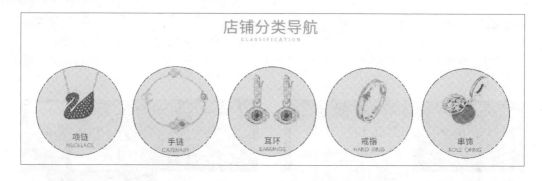

实例92 定义多边形热点的店铺链接

要设置热点区域为多边形时，可使用 Dreamweaver 中的"多边形热点工具"进行编辑。选择"多边形热点工具"后，在页面中连续单击即可创建多边形外观的热点区域。

◎ 素材文件：随书资源\09\素材\12.html、13.html
◎ 最终文件：随书资源\09\源文件\定义多边形热点的店铺链接.html

步骤 01 打开 12.html 素材文档，在"文档"窗口中单击选中需要创建热点的图像。

步骤 02 打开"属性"面板，❶在"地图"文本框中输入热点名为"童装0至4岁"，❷然后单击"多边形热点工具"按钮。

步骤 03 将鼠标指针移到要创建为热点链接的区域，在画面中连续单击，创建多边形热点区域。

步骤 04 ❶单击"链接"右侧的文件夹图标，打开"选择文件"对话框，❷在对话框中选择链接文档，❸单击"确定"按钮。

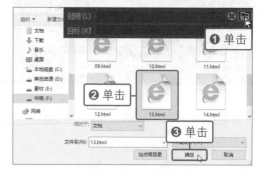

步骤 05 ❶设置目标为"_blank"，指定链接文档打开位置，设置后保存文档，在浏览器中打开页面，❷单击设置的热点区域，将在新窗口中打开链接文档。

实例93 | 创建空链接交换显示首页轮播图

空链接是未指派的链接，用于向页面上的对象或文本附加行为。在装修网店时，可以通过创建空链接为页面中的轮播图建立一个空链接，并通过指定链接图像，创建出交换显示的动态效果。

◎ 素材文件：随书资源\09\素材\14.html、15.jpg
◎ 最终文件：随书资源\09\源文件\创建空链接交换显示首页轮播图.html

步骤 01 打开 14.html 素材文档，在"文档"窗口的"设计"视图中选择对象。

步骤 02 打开"属性"面板，❶在"链接"框中单击，❷输入 javascript:;，创建空链接效果。

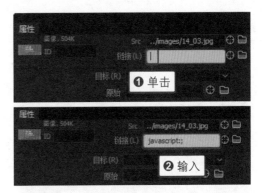

步骤 03 在"设计"视图下，执行"窗口>行为"菜单命令，打开"行为"面板，❶在面板中单击"添加行为"按钮 ，❷在展开的菜单中执行"交换图像"命令。

步骤 04 打开"交换图像"对话框，在对话框中单击"设定原始档为"选项右侧的"浏览"按钮，打开"选择图像源文件"对话框。

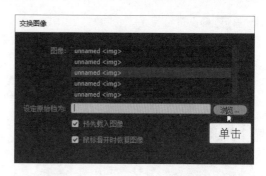

步骤 05 ❶在"选择图像源文件"对话框中单击选择需要交换显示的 15.jpg 素材图像，❷单击"确定"按钮。

步骤 06 返回"交换图像"对话框，在对话框中显示设置的交换图像，单击右上角的"确定"按钮。

步骤 07 关闭"交换图像"对话框，在打开的"行为"面板中显示添加的交换图像行为。

步骤 08 保存文档，在浏览器中打开文档，将鼠标移到设置交换效果的图片上，将会显示设置的交换图像效果。

实例94　应用跳转菜单实现商品分类导航

跳转菜单是当前页面中对站点访问者可见的弹出式菜单，在弹出的菜单列表中将列出相应的跳转链接选项，通过这些选项可以建立到整个 Web 站点内文档的链接与到其他 Web 站点上文档的链接等。在 Dreamweaver 中，可以结合"插入"菜单和"行为"面板创建跳转菜单，跳转到指定的装修页面。

◎ 素材文件：随书资源\09\素材\16.html～22.html

◎ 最终文件：随书资源\09\源文件\应用跳转菜单实现商品分类导航.html

步骤 01 打开 16.html 素材文档，打开文档后，在"设计"视图下先将光标定位于页面中。

步骤 02 执行"插入 > 表单 > 选择"菜单命令，在页面中创建一个可选的表单。

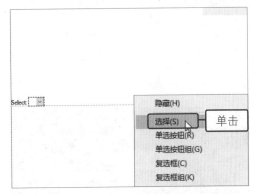

步骤 03 在"设计"视图下单击并拖动选中表单名称，❶将其更改为"2018 秋冬新款女鞋"，❷然后单击右侧的选择区。

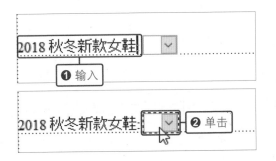

步骤 04 执行"窗口 > 行为"菜单命令，打开"行为"面板，❶在面板中单击"添加行为"按钮，❷在弹出的菜单中执行"跳转菜单"命令。

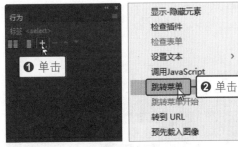

步骤 05 打开"跳转菜单"对话框，❶在"跳转菜单"对话框中输入文本为"长筒靴"，❷单击"选择时，转到 URL"选项右侧的"浏览"按钮。

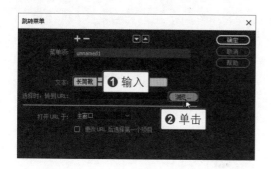

步骤 06 打开"选择文件"对话框，❶在对话框中单击选择需要链接到的 17.html 文档，❷单击"确定"按钮，返回"跳转菜单"对话框。

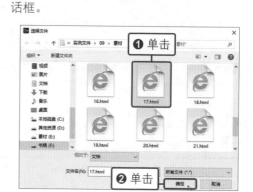

步骤 07 ❶单击"跳转菜单"对话框中的"添加项"按钮，添加一个菜单项，❷输入文本"中筒靴"，❸单击"选择时，转换 URL"选项右侧的"浏览"按钮。

步骤 08 打开"选择文件"对话框，❶在对话框中单击选择需要链接到的 18.html 文档，❷单击"确定"按钮，返回"跳转菜单"对话框。

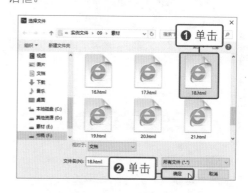

步骤 09 ❶单击"跳转菜单"对话框中的"添加项"按钮，添加一个菜单项，❷输入文本"短筒靴"，❸单击"选择时，转换 URL"选项右侧的"浏览"按钮。

步骤 10 打开"选择文件"对话框，❶在对话框中单击选择需要链接到的 19.html 文档，❷单击"确定"按钮，返回"跳转菜单"对话框。

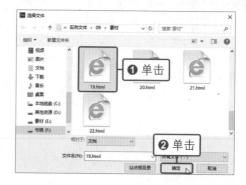

步骤 11 ❶单击"跳转菜单"对话框中的"确定"按钮，完成选择项的设置，❷在"行为"面板中可看到创建的跳转菜单。

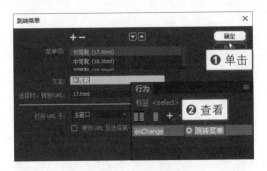

步骤 12 在文档窗口中单击"实时视图"按钮，预览设置列表选项。

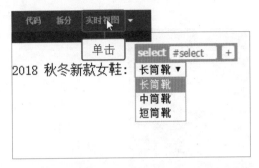

步骤 13 单击文档工具栏中的"拆分"按钮，切换至"代码"视图，在该视图下查看相应的代码。

步骤 14 在 <label> 标签前输入代码 ，调整跳转菜单位置。

步骤 15 ❶切换到"设计"视图，将光标定位于页面中，❷执行"插入 > 表单 > 选择"菜单命令。

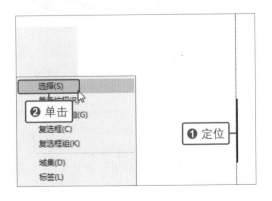

步骤 16 创建一个可选的表单，❶单击并拖动选中表单名称，❷将表单名修改为"时尚单鞋"。

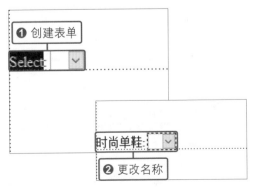

步骤 17 打开"行为"面板，❶单击"行为"面板中的"添加行为"按钮，❷在弹出的菜单中执行"跳转菜单"命令。

步骤 18 打开"跳转菜单"对话框，❶在对话框中输入文本"平底鞋"，❷然后单击"选择时，转到 URL"选项右侧的"浏览"按钮。

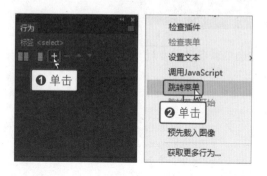

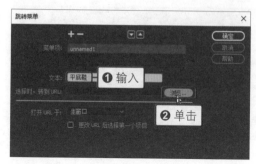

步骤 19 打开"选择文件"对话框，❶在对话框中单击选择需要链接到的 20.html 文档，❷单击"确定"按钮，返回"跳转菜单"对话框。

步骤 20 单击"跳转菜单"对话框中的"添加项"按钮，添加"厚底鞋 / 松糕鞋"和"小白鞋"菜单项，并为其指定链接。

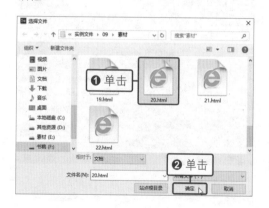

步骤 21 确认设置，单击文档工具栏中的"实时视图"按钮，在此视图下单击表单右侧的下拉按钮，查看设置的列表项。

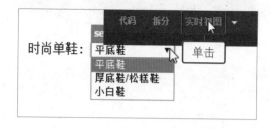

步骤 22 在文档窗口中的"代码"视图下，选中代码 <div style=" position:absolute;left: 480px; top:1100px">，按下快捷键 Ctrl+C，复制代码。

步骤 23 将光标定位于第 2 个表单对应的 <label> 标签前，❶按下快捷键 Ctrl+V，粘贴复制的代码，❷然后将代码 left:480px 更改为 left:780px，将第 2 个跳转菜单移到右侧合适的位置。

步骤 24 保存文件，单击表单右侧的下拉按钮，在展开的下拉列表中单击选择一个选项，即可跳转到链接文档。

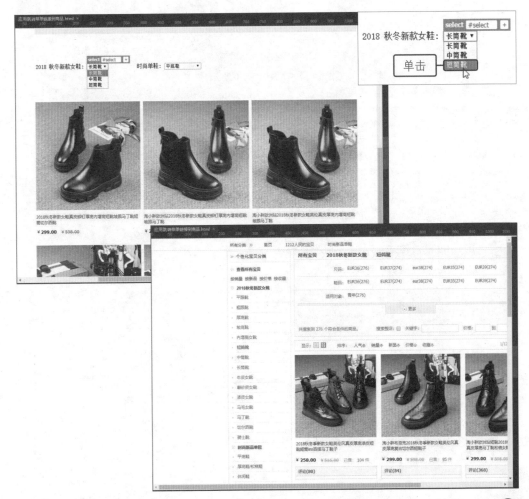

第10章
使用表格和CSS样式美化页面

在装修网店时，为了使整个装修页面显得更为工整，通常会使用表格和CSS样式来进行设计。在 Dreamweaver 中，可以在页面中快速插入指定宽度和高度的表格，并且可以通过表格的嵌套设计完成页面的个性化排版。除此之外，还可以利用 Dreamweaver 提供的 CSS 设计器创建和编辑 CSS 样式来对页面进行美化处理，实现文本样式和页面背景的快速更改。

实例95 | 应用表格制作商品基本信息表

在商品详情页中大多数卖家都会结合自家商品，提供整理基本信息制作出一个商品信息图表，帮助买家快速了解该商品概况。下面使用 Dreamweaver 制作一个简单的商品基本信息表。

◎ 素材文件：随书资源\10\素材\01.html

◎ 最终文件：随书资源\10\源文件\应用表格制作商品基本信息表.html

步骤 01 打开 01.html 素材文档，在"设计"视图下将光标定位到商品图像下方。

步骤 02 执行"插入 >Table"菜单命令，或者在"插入"面板中单击"HTML"类别中的"Table"按钮。

步骤 03 打开 Table 对话框，❶在对话框中输入"行数"为 7、"列"为 2、"表格宽度"为 400 像素，❷输入标题名为"丹麦进口 DANISA 皇冠曲奇"，❸单击"确定"按钮。

步骤 04 即可在光标定位处创建一个宽度为 400 像素，包含了 7 行 2 列的表格，在文档窗口中预览创建的表格效果。

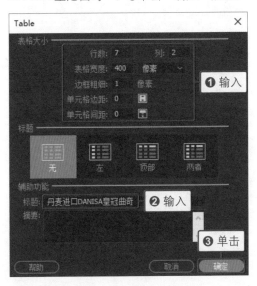

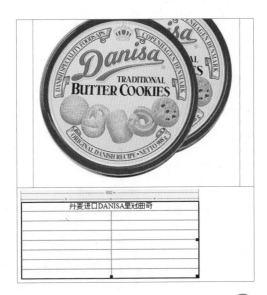

步骤 05 将鼠标指针置于表格线上，单击并向左拖动，调整表格中两列单元格的宽度。

步骤 06 将光标定位于第一个单元格中，输入文字"商品名称"。

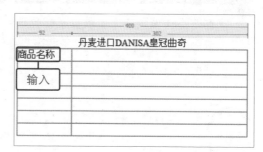

步骤 07 将光标定位于其他单元格内，在单元格内分别输入商品的名称、规格和保质期等，完善表格信息。

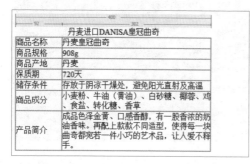

步骤 08 在"代码"视图下将 `<table>` 标签代码修改为 `<table width="400" border="2" cellspacing="5" cellpadding="5" border-color="#C9C9C9">`。

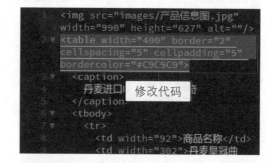

步骤 09 应用输入代码调整表格中单元格的行距和间距，"设计"视图下预览设置后的表格效果。

步骤 10 在"代码"视图下，将光标定位于`<caption>`标签内，修改代码为`<caption style="font-family:'微软雅黑';font-size:25px;color:#f05d55">`。

步骤 11 应用输入代码调整表格标题文字的字体、颜色和大小，在“设计”视图下预览设置后的表格标题文字。

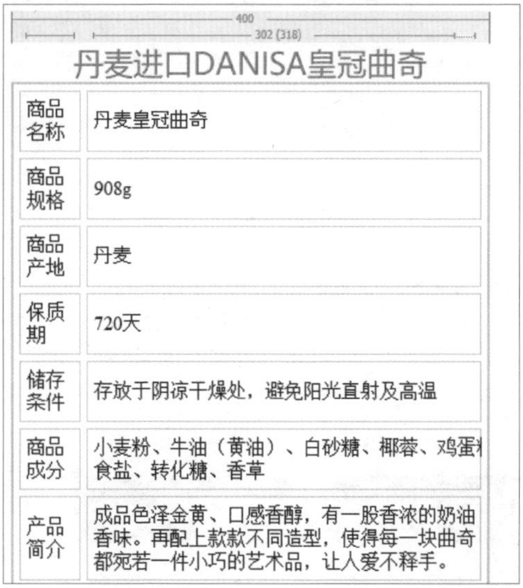

步骤 12 在“代码”视图下，将光标定位于<td>标签内，修改代码<td width="92" style="font-family:'微软雅黑';font-size:15px;color:#515151">。

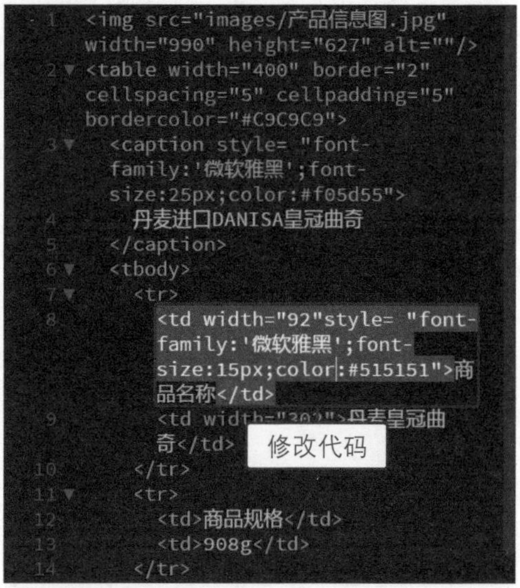

步骤 13 将光标定位于 <td> 标签后，修改代码为 <b> 商品名称 </b>，将文字设置为加粗效果。

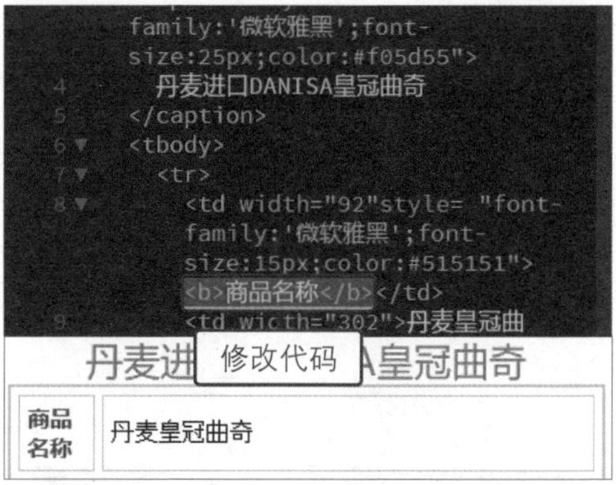

步骤 14 复制代码，对表格中的其他文字的字体、大小及颜色等进行设置，在“设计”视图下预览效果。

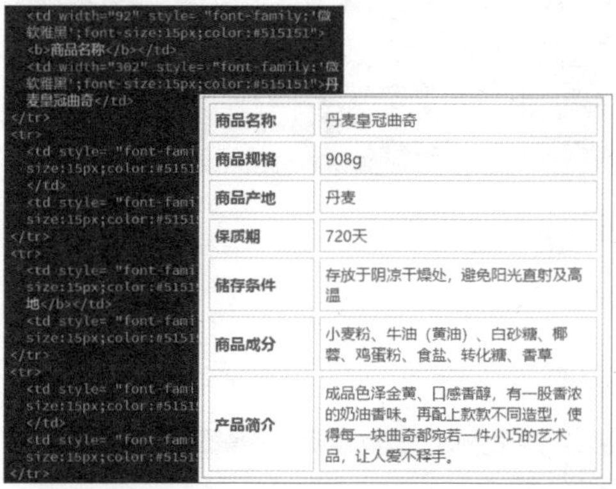

步骤 15 将光标定位于 <table> 标签前面，输入代码 <div style="position:absolute;left:570px;top:150px">，将表格移到图像右侧。

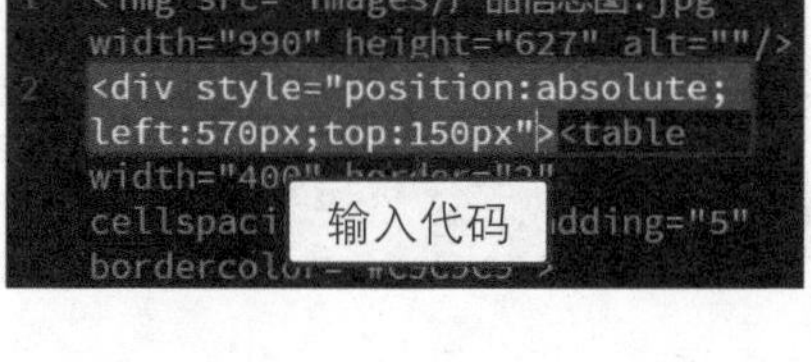

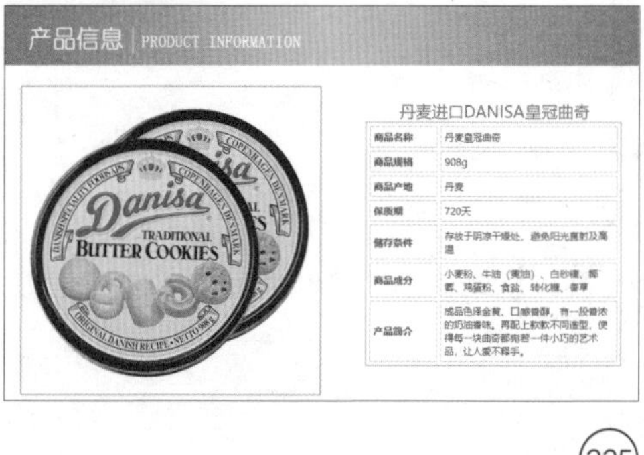

实例96 更改表格颜色突出商品尺码信息

　　网购服饰的时候最尴尬的就是不能进行试穿，因此一张给买家选购创建的，能精确反映商品尺码的尺码表就显得尤为重要。在 Dreamweaver 中，可以利用表格功能制作出工整而漂亮的商品尺码表。

◎ 素材文件：随书资源\10\素材\02.jpg
◎ 最终文件：随书资源\10\源文件\更换表格颜色突出商品尺码信息.html

步骤 01 新建 HTML 文档，❶选择默认源代码，按下键盘中的 Delete，清除源代码，打开"属性"面板，❷单击面板中的"页面属性"按钮，打开"页面属性"对话框。

步骤 02 ❶在"页面属性"对话框中单击"外观（HTML）"标签，❷在展开的选项卡中单击"浏览"按钮，打开"选择图像源文件"对话框，❸单击选择 02.jpg 素材图像，❹单击"确定"按钮，选择页面背景图像。

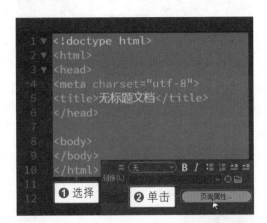

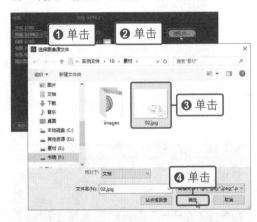

步骤 03 在"设计"视图下显示添加的背景图效果，❶将光标定位于页面中，❷执行"插入 >HTML>Table"菜单命令。

步骤 04 打开 Table 对话框，❶输入"行数"为 5、"列"为 6、"表格宽度"为 790 像素，❷单击"顶部"标题样式，❸输入标题"——尺码表——"，❹单击"确定"按钮。

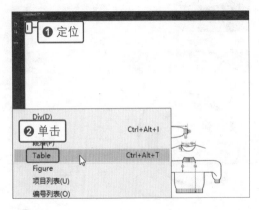

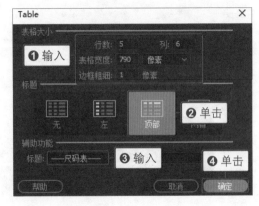

步骤 05 创建一个包含 5 行 6 列的表格，将光标定位于表格单元格中，输入对应的尺码信息。

步骤 06 ❶选中整个表格对象，打开"属性"面板，❷在面板中输入 CellPad 为 7、Cell-Space 为 5、Border 为 0。

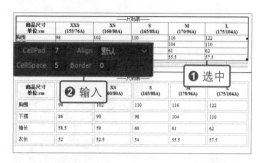

步骤 07 ❶单击并拖动，选中表格下方 4 行单元格，❷单击"属性"面板中的"水平"下拉按钮，在展开的列表中选择"居中对齐"选项。

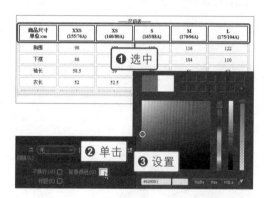

步骤 08 ❶单击并拖动，选中第 1 行所有单元格，❷单击"属性"面板中的"背景颜色"色块，❸在弹出的面板中设置背景颜色为 #828081。

步骤 09 设置后在图像窗口中的"设计"视图下即可看到将单元格背景颜色更改为灰色后的效果。

步骤 10 在"代码"视图中，将光标定位于 \<th\> 标签内，输入代码 style="color:#FFFFFF"，更改文本颜色。

输入代码

```
<th bgcolor="#828081" scope="col" style="color:#FFFFFF">商品尺寸<br>
单位:cm</th>
<th bgcolor="#828081" scope="col" style="color:#FFFFFF">XXS<br>
(155/76A)</th>
<th bgcolor="#828081" scope="col" style="color:#FFFFFF">XS<br>
(160/80A)</th>
<th bgcolor="#828081" scope="col" style="color:#FFFFFF">S<br>
(165/88A)</th>
<th bgcolor="#828081" scope="col" style="color:#FFFFFF">M<br>
(170/96A)</th>
<th bgcolor="#828081" scope="col" style="color:#FFFFFF">L<br>
(175/104A)</th>
```

步骤 11 ❶单击并拖动，选中第 3 行所有单元格，❷单击"属性"面板中的"背景颜色"色块，❸在弹出的面板中单击设置背景颜色为 #E6E6E6。

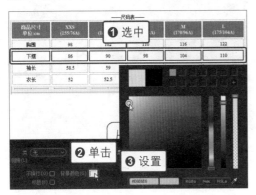

步骤 12 ❶单击并拖动，选中表格第 5 行单元格，❷单击"属性"面板中的"背景颜色"色块，❸在弹出的面板中单击设置背景颜色为 #E6E6E6。

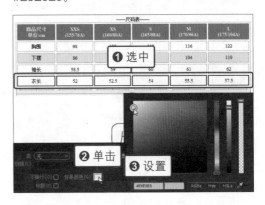

步骤 13 在"代码"视图下选中文本"——尺码表——"，修改代码为 <h1>——尺码表——</h1>，将文字设置为标题 1 样式。

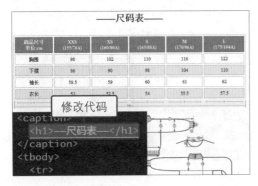

步骤 14 ❶将光标定位于表格下方，打开"插入"面板，❷单击面板中的"Table"按钮，打开"Table"对话框。

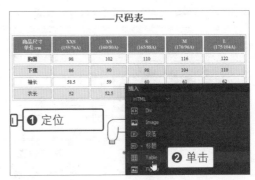

步骤 15 ❶输入"行数"为 2、"列"为 1、"表格宽度"为 300 像素、"边框粗细"为 0 像素、"单元格边距"为 7、"单元格间距"为 5，❷输入标题为"温馨提示："。

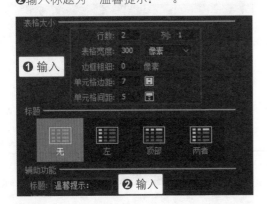

步骤 16 确认设置，创建表格，在表格中输入文字，在"代码"视图下修改代码为 <h2 style="color:#DD484A"> 温馨提示：</h2>，完成本实例的制作。

实例97 ｜ 在表格中插入图片突出重点分类

商品分类是卖家为自己网店内的商品创建的分类，买家根据分类可快速找到需要的商品。当网店中的商品比较多、分类也较多的时候，添加表格并在表格中添加合适的图片，可以更加清晰地引导买家购物。

◎ 素材文件：随书资源\10\素材\03.png、04.png

◎ 最终文件：随书资源\10\源文件\在表格中插入图片突出重点分类.html

步骤 01 创建新文档，删除源代码，执行"插入 >Table"菜单命令，在打开的对话框中输入"行数"为 2、"列"为 6、"表格宽度"为 950 像素。

步骤 02 确认设置，创建一个包含 2 行 6 列的表格，切换至"代码"视图，在 <table> 中输入代码 height="400"，调整插入表格的高度。

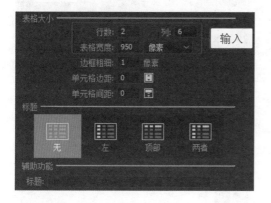

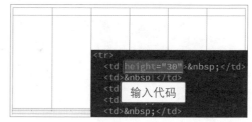

步骤 03 在"设计"视图下，按住 Ctrl 键不放，单击选中表格中的第 1 个单元格

步骤 04 切换至"代码"视图，输入代码 height="30"，调整单元格的高度。

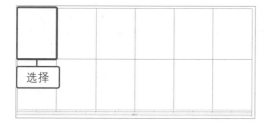

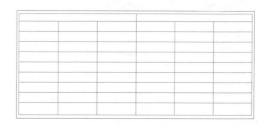

步骤 05 选择表格中的单元格，对单元格进行合并和拆分处理，获得更多的单元格。

步骤 06 将光标定位于单元格内，分别输入对应的商品分类信息，结合"属性"面板和代码设置表格背景颜色和文本属性。

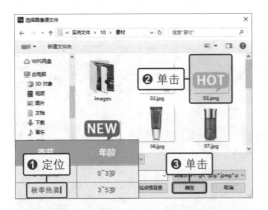

步骤 07 ❶将光标定位于第 4 行第 1 个单元格内，执行"插入 >Image"菜单命令，❷在打开的"选择图像源文件"对话框中单击选择 03.png 图像，❸单击"确定"按钮。

步骤 08 插入选定的图像，打开"属性"面板，在面板中输入图像"宽"为 20，根据输入宽度自动调整其宽度，在文档窗口中预览设置效果。

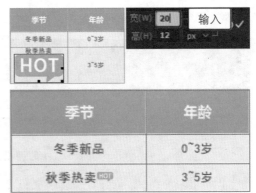

步骤 09 ❶单击选中调整后的图像，按下快捷键 Ctrl+C，拷贝图像，❷将光标定位于"男童装"下方的"羽绒服"分类，按下快捷键 Ctrl+V，粘贴图像。

步骤 10 将光标定位于其他商品分类后面，分别按下快捷键 Ctrl+V，粘贴获得更多相同的图片效果。

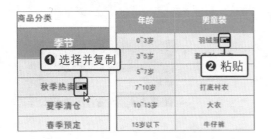

步骤 11 使用相同的方法，执行"插入 >Image"菜单命令，插入 04.png 素材并复制，最后在"属性"面板中设置调整单元格边距和间距，完善表格效果。

实例98　利用表格规范图文信息

　　每一个网店因销售商品的类型和数量不同，其版面布局也会存在一定的差异。在进行网店装修设计时，为让页面呈现出较整洁的效果，可以在页面中添加表格，利用表格规范商品图文信息。

◎ 素材文件：随书资源\10\素材\05.html、06.jpg～10.jpg
◎ 最终文件：随书资源\10\源文件\利用表格规范图文信息.html

步骤 01 打开 05.html 素材文档，执行"插入 >Table"菜单命令，打开 Tabel 对话框，❶输入"行数"为 3、"列"为 3、"表格宽度"为 990 像素，❷单击"确定"按钮。

步骤 02 在页面中创建一个包含 3 行 3 列的表格，选中创建的表格对象，在"代码"视图下修改代码为 <table width="990" border="1" cellspacing="0" cellpadding="0" bgcolor="#FFFFFF">，将表格背景色设置为白色。

步骤 03 在表格中单击并拖动，选中第 1 行单元格，右击鼠标，在弹出的快捷菜单中执行"表格 > 合并单元格"命令，合并选中单元格。

步骤 04 在"代码"视图下修改代码为 <td colspan="6" align="center" bgcolor="#F7EAD9">，更改合并单元格的背景颜色，在"设计"视图下查看效果。

步骤 05 ❶将光标定位于第 2 行第 1 个单元格中，右击鼠标，❷在弹出的快捷菜单中执行"表格 > 拆分单元格"命令。

步骤 06 打开"拆分单元格"对话框，❶在对话框中输入"行数"为 3，❷单击"确定"按钮，拆分单元格。

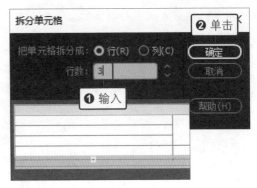

步骤 07 ❶将光标定位于拆分出来的中间一个单元格中，❷执行"插入 >Image"菜单命令。

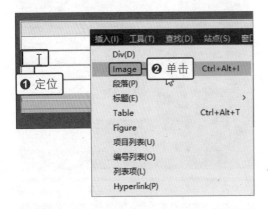

步骤 08 打开"选择图像源文件"对话框，❶在对话框中单击选择 06.jpg 素材图像，❷单击"确定"按钮。

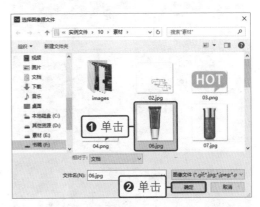

步骤 09 将 06.jpg 商品图像插入到单元格中，打开"属性"面板，在面板中将图像的"宽"和"高"都设置为 300，调整图像大小。

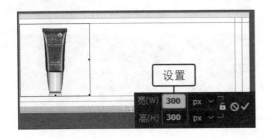

步骤 10 按住 Ctrl 键不放，单击选中商品所在的单元格，将其选中，打开"属性"面板，在"水平"下拉列表框中选择"居中对齐"选项，更改图像的对齐方式。

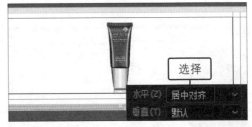

步骤 11 应用相同的方法将其他的商品图像插入到单元格内，并将图像设置为"居中对齐"效果。

步骤 12 ❶将光标定位于第 1 个商品图像下方的单元格中，右击鼠标，❷在弹出的快捷菜单中执行"表格 > 拆分单元格"命令。

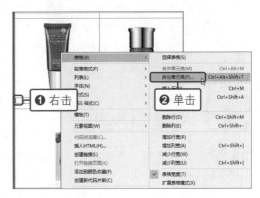

步骤 13 打开"拆分单元格"对话框，❶单击"列"单选按钮，❷输入"列数"为 2，❸单击"确定"按钮，拆分单元格。

步骤 14 将单元格拆分为两个单元格，使用相同的方法，对其他的单元格也进行适当的拆分处理。

步骤 15 在"拆分"视图下的"设计"窗口中，将光标定位于各个单元格中，输入相应的文字，然后在"代码"窗口中输入代码设置单元格属性和文字属性。

步骤 16 在"代码"视图中修改 \<table\> 标签，修改单元格边距和间距。

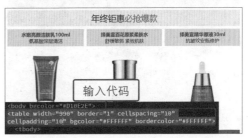

实例99 | 嵌套表格制作优惠搭配套餐

大多数网店为促进商品的销售，都会设置商品搭配优惠套餐。在设计优惠套餐时，往往需要使用多个表格才能达到比较理想的效果，这里就可以通过制作嵌套表格的方式来实现，利用嵌套表格可以完成各类个性精美的优惠套餐模板的设计。

◎ 素材文件：随书资源\10\素材\11.jpg～15.jpg

◎ 最终文件：随书资源\10\源文件\嵌套表格制作优惠搭配套餐.html

步骤 01 创建新文档，清空默认源代码，执行"插入 >HTML>Table"菜单命令，打开Table 对话框，输入"行数"为1、"列"为1、"表格宽度"为 950 像素。

步骤 02 确认设置，创建一个包含1行1列的表格，切换到"代码"视图，在 <tabel> 标签中修改代码，更改表格高度，并将11.jpg 素材图像添加为表格背景。

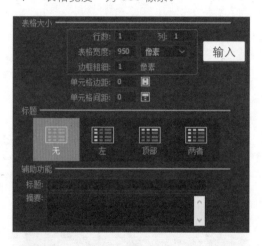

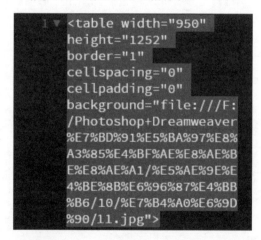

步骤 03 将光标定位于创建的表格内，执行"插入 >HTML>Table"菜单命令，打开Table 对话框，输入"行数"为4、"列"为1、"表格宽度"为 950 像素，单击"确定"按钮。

步骤 04 在表格中嵌套插入一个包含4行1列的表格，将光标定位于第1行单元格内，输入"套餐搭配，更加实惠"文字信息。

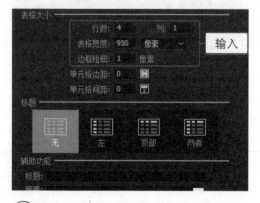

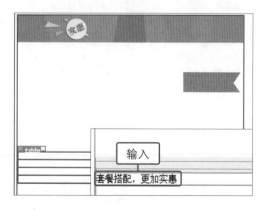

步骤 05 ❶将光标定位于第 2 行第 1 个单元格内，执行"插入 >HTML>Table"菜单命令，打开 Table 对话框，❷输入"行数"为 1、"列"为 5、"表格宽度"为 950 像素。

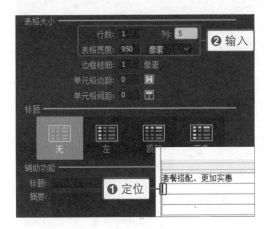

步骤 06 确认设置，插入嵌套表格，❶将光标定位于第 2 列单元格，❷在"代码"视图下修改代码为 <td width="50"> </td>，调整第 2 列单元格的宽度。

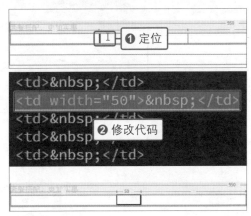

步骤 07 ❶将光标定位于第 3 列单元格，❷在"代码"视图下修改代码为 <td width="50"> </td>，调整第 3 列单元格的宽度。

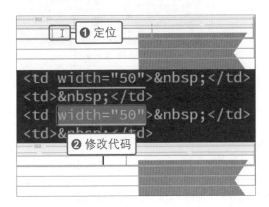

步骤 08 ❶将光标定位于第 1 列单元格，执行"插入 >HTML>Table"菜单命令，打开 Table 对话框，❷在对话框中输入"行数"为 2、"列"为 1、"表格宽度"为 279 像素。

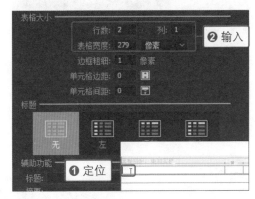

步骤 09 确认设置，插入嵌套表格，应用相同的方法，在已创建表格中插入更多嵌套的表格。

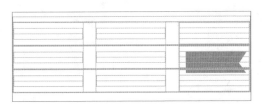

步骤 10 在"代码"视图下的 <table> 标签前输入代码 <td style="position:absolute; left:0px; top:8px">，调整表格位置。

步骤 11 将鼠标指针分别移到单元格边线位置，单击并拖动鼠标，调整表格中各个单元格的高度。

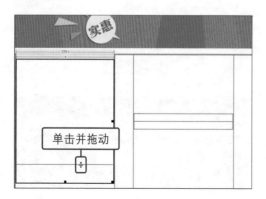

步骤 12 执行"插入 >Image"菜单命令，将12.jpg 商品图像插入单元格中，在"属性"面板中输入图像宽度为 276 px。

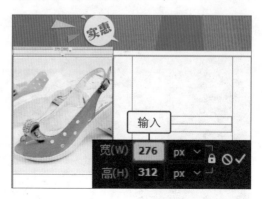

步骤 13 ❶按住 Ctrl 键不放，单击选中鞋子图像下方的单元格，打开"属性"面板，❷在面板中的"背景颜色"文本框中输入颜色值 #F50F50，更改单元格背景色。

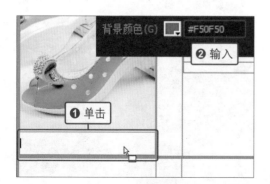

步骤 14 ❶输入鞋子名称，切换到"代码"视图，❷修改代码为 align="center" bgcolor="#F50F50" style="font-family:'黑体';font-size:18px;color:#FFFFFF"，更改文本属性和对齐方式。

步骤 15 继续使用同样的方法，将13.jpg ～ 15.jpg 商品图像插入到表格中的单元格内，输入商品名称和优惠信息，最后调整文本和单元格的属性，完成商品优惠套餐模块的设计。

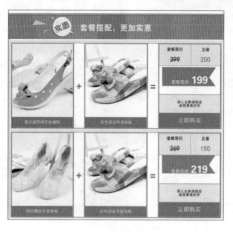
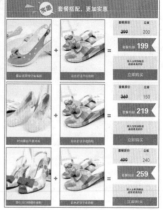

实例100 | 利用CSS制作店铺导航栏

　　CSS 样式是表格设置中一个比较特殊的内容，利用 CSS 样式可以快速指定表格中文本的字体、大小及对齐方式等。CSS 样式不但可以应用于单个页面的文本格式设置，还可以同时控制多个装修页面的文本格式。

◎ 素材文件：随书资源\10\素材\16.jpg
◎ 最终文件：随书资源\10\源文件\利用CSS制作店铺导航栏.html

步骤 01 新建文档，删除源代码，执行"插入 >Table"菜单命令，打开 Table 对话框，输入"行数"为 2、"列"为 10、"表格宽度"为 990 像素，新建一个包含 2 行 10 列的表格。

步骤 02 在"代码"视图下修改代码为 <table width="990" height="150" border="0" cellspacing="0" cellpadding="0" back-ground="16.jpg">，设置表格的高度和背景。

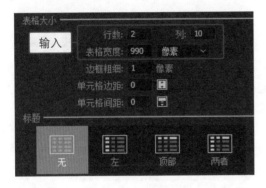

步骤 03 将光标置于第 1 行第 1 个单元格内，在"代码"视图下修改代码为 <td height="120"> </td>，更改单元格的高度。

步骤 04 使用前面介绍的方法，合并第 1 行中所有单元格，然后在第 2 行的单元格中输入相应的导航文本。

步骤 05 打开"CSS 设计器"面板，❶在面板中单击"添加 CSS 源"按钮➕，❷在展开的列表中单击"创建新的 CSS 文件"选项。

步骤 06 打开"创建新的 CSS 文件"对话框，单击对话框中的"浏览"按钮。

步骤 07 打开"将样式表文件另存为"对话框，❶在对话框中指定存储位置，❷输入 CSS 样式表文件名，❸单击"保存"按钮。

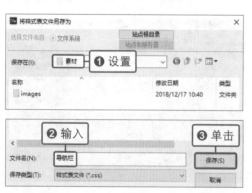

步骤 08 返回"创建新的 CSS 文件"对话框，❶单击"确定"按钮，❷在"CSS 设计器"面板中可看到创建的"导航栏 .CSS"文件。

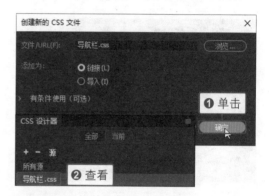

步骤 09 ❶单击"选择器"前方的"添加选择器"按钮➕，❷在下方的文本框中输入标签 td，❸取消"显示集"复选框的勾选状态。

步骤 10 ❶单击"属性"下方的"文本"按钮🅣，❷单击"Color"右侧的颜色块，❸在打开的拾色器窗口中单击设置文本颜色。

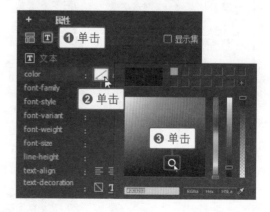

步骤 **11** ❶单击"font-family"右侧的文本框，❷在展开的字体列表中单击选择"黑体"，更改字体样式。

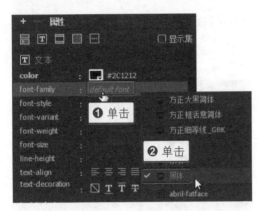

步骤 **12** ❶单击"font-size"右侧的文本框，❷在展开的下拉列表中单击选择"px"选项，选择字体大小单位。

步骤 **13** ❶输入字体大小为 18 px，❷设置后单击"text-align"右侧的"center"按钮，更改文字对齐方式。

步骤 **14** 设置完成后，在"设计"视图下可以看到所有 <td> 标签中的文本都应用了设置的 CSS 样式。

实例101 │ 运用CSS为页面添加丰富的背景

　　在前面的章节中介绍了使用 HTML 代码对页面的背景进行设置。使用 HTML 代码只能对页面的背景进行单一的颜色设置，或者是简单背景图案的平铺，而通过应用 CSS 样式，可以为单调整的页面增加更丰富的背景效果。

Photoshop+Dreamweaver
淘宝天猫网店美工与广告设计一本通（实战版）

◎ 素材文件：随书资源\10\素材\17.html、18.jpg
◎ 最终文件：随书资源\10\源文件\运用CSS为页面添加丰富的背景.html

步骤 01 打开 17.html 素材文档，在文档窗口中将页面滚动到底部。

步骤 03 打开"创建新的 CSS 文件"对话框，单击对话框右上角的"浏览"按钮，打开"将样式表文件另存为"对话框。

步骤 05 返回"创建新的 CSS 文件"对话框，❶单击"确定"按钮，❷在"CSS 设计器"面板中可看到创建的"页面背景 .css"文件。

步骤 02 ❶单击"CSS 设计器"面板中的"添加 CSS 源"按钮，❷在展开的列表中单击"创建新的 CSS 文件"选项。

步骤 04 ❶在"将样式表另存为"对话框中指定样式表文件存储位置，❷输入名称为"页面背景"，❸单击"保存"按钮。

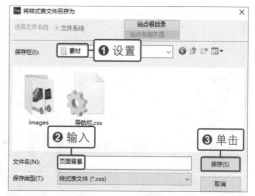

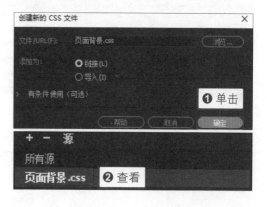

步骤 06 ❶单击"选择器"左侧的"添加选择器"按钮，❷在下方的文本框中输入 CSS 筛选规则为 body。

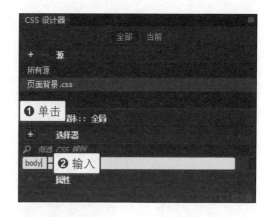

步骤 07 展开"属性"选项组，❶单击"背景"按钮▨，显示背景设置选项，❷单击"back-ground-image"下方的"浏览"按钮▤。

步骤 08 ❶打开"选择图像源文件"对话框，在对话框中单击选择 18.jpg 素材图像，❷单击"确定"按钮。

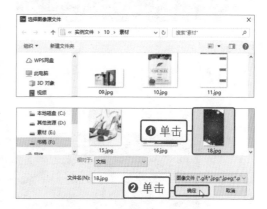

步骤 09 ❶单击"background-position"右侧的百分比符号，❷在展开的列表中单击"center"选项，设置背景图像位置。

步骤 10 ❶单击"background-size"右侧的文本框，❷在展开的列表中单击选择"px"选项，激活图像大小文本框。

步骤 11 在文本框中根据网店装修的尺寸，输入数值 1920，将背景图像的宽度限定为 1920 像素。

步骤 12 单击 "background-repeat" 右侧的 "no-repeat" 按钮■，选择背景重复方式为不重复。

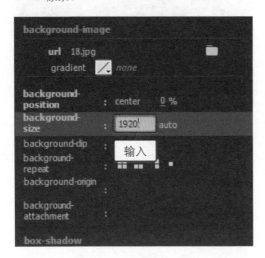

步骤 13 完成设置后，对页面应用设置的背景图像效果，存储文档，在浏览器中打开页面，可以看到添加背景并调整为居中对齐后的页面效果。

第11章
组 成 网 店 的 各
功 能 元 素 设 计

　　网店的装修包含了店招、导航条、欢迎模块、客服和收藏区等不同的模块，这些模块通过合理组合才能形成一个完整的装修页面。不同的装修模块有着不同的作用，也需要用不同的设计内容来表现。在装修网店时，可以先运用Photoshop制作出需要的装修图片并将其上传到网络图片空间，然后利用Dreamweaver为图片添加热点地图和导航链接等，实现装修页面间的自由跳转。

实例102 | 店招与导航设计

店招与导航位于网店首页的最顶端，是大部分买家最先了解和接触到的信息。店招与导航的设计，除了要保证图片新颖、便于记忆以外，还需要为店招上的商品或导航中的商品分类建立链接，以便买家能通过它们完成商品页面的跳转。

◎ 素材文件：随书资源\11\素材\01.jpg～03.jpg

◎ 最终文件：随书资源\11\源文件\店招与导航设计.html

步骤 01 启动 Photoshop 软件，执行"文件 > 新建"菜单命令，打开"新建文档"对话框，❶根据网店装修要求设置"宽度"为 950 像素、"高度"为 150 像素、"分辨率"为 72，创建新文档，❷新建"图层 1"图层，设置前景色为 R255、G80、B1，按下快捷键 Alt+Delete，应用设置的前景色填充图层。

步骤 02 选择"矩形选框工具"，❶在选项栏中选择"固定大小"样式，❷输入"宽度"为 950 像素，❸"高度"为 120 像素，❹创建新图层，设置前景色，❺将鼠标移到图像左上角位置单击，创建一个宽度为 950 像素、高度为 120 像素的矩形选区，应用设置颜色填充选区。

步骤 03 双击图层缩览图，打开"图层样式"对话框，单击"图案叠加"样式并设置其选项。

步骤 04 创建 logo 图层组，在图层组中绘制店铺徽标图形并输入店铺名。

步骤 05 ❶使用"横排文字工具"在店铺徽标右侧单击输入文字，双击"小宠乐园"文本图层缩览图，打开"图层样式"对话框，❷设置描边"大小"为 4 像素，❸颜色为白色，为文字添加描边效果。

步骤 06 将 01.jpg 素材图像置入到店招右侧，❶选择"套索工具"，在画面中单击并拖动，创建选区，❷单击选项栏中的"选择并遮住"按钮。

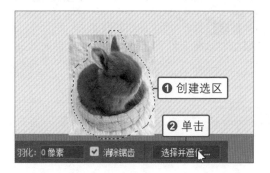

步骤 07 打开"选择并遮住"工作区，❶单击工具栏中的"调整画笔边缘工具"按钮☑，❷在"边缘检测"选项组中设置"半径"为 8 像素，❸单击并涂抹选区边缘。

步骤 08 确认设置，调整选区边缘，抠出兔子图像，使用黑色画笔涂抹调整蒙版范围，载入蒙版选区，新建"色阶 1"调整图层，输入色阶 0、1.48、255，提亮图像。

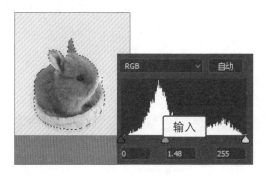

步骤 09 将 02.jpg 素材图像置入到画面中，❶选择"多边形套索工具"，沿着兔粮包装图像边缘连续单击，创建选区，❷单击"图层"面板中的"添加图层蒙版"按钮，添加蒙版。

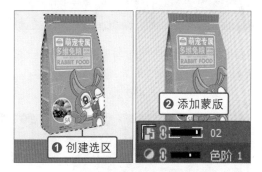

步骤 10 继续使用相同的方法，将另一种兔粮包装图像也添加到店招上，复制图像，创建更丰富的画面效果。

步骤 11 选择"圆角矩形工具"，❶在选项栏中设置"半径"为 10 像素，❷单击并拖动，绘制图形。

步骤 12 选择"横排文字工具"，在画面中单击并拖动商品分类信息，完成店铺店招和导航栏的设计。

步骤 13 执行"文件 > 导出 > 存储为 Web 所用格式（旧版）"菜单命令，❶在打开的对话框中设置选项，❷单击"确定"按钮。

步骤 14 打开"将优化结果存储为"对话框，❶在对话框中设置图像存储位置，❷输入文件名并选择"格式"为"仅限图像"，❸单击"保存"按钮，保存图像。

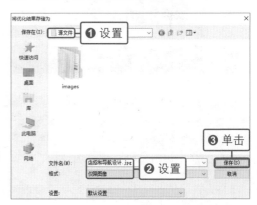

步骤 15 接下来制作店招背景图，执行"图像 > 画布大小"菜单命令，打开"画布大小"对话框，❶输入"宽度"为 1920，❷画布扩展颜色为 R255、G80、B1，确认设置，扩展画布，然后载入"图层 2"选区，❸执行"编辑 > 变换选区"命令，变换选区并填充颜色。

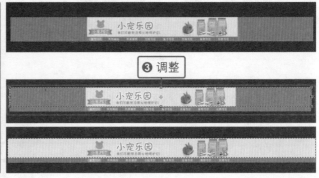

步骤 16 执行"文件 > 导出 > 存储为 Web 所用格式（旧版）"命令，在打开的对话框中单击"存储"按钮，打开"将优化结果存储为"对话框，输入文件名，存储图像。

步骤 17 启动 Dreamweaver 软件，创建一个新文档，执行"插入 >Image"菜单命令，❶在打开的对话框中单击选择"店招和导航设计"图像，❷单击"确定"按钮。

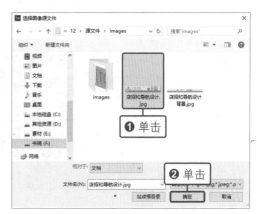

步骤 18 插入图像，在文档窗口中的"设计"视图下，单击选中插入到页面中的"店招和导航设计"图片。

步骤 19 打开淘宝网店装修后台，选中上传到空间中的店招和导航设计图，单击图片下方的"复制链接"按钮，复制链接。

步骤 20 返回到 Dreamweaver 中，选中 <img> 标签，按下快捷键 Ctrl+V，将图片链接地址替换为图片空间中的链接地址。

247

步骤 21 切换到"设计"视图，❶单击"属性"面板中的"矩形热点工具"按钮，❷在导航栏中单击并拖动，创建热点区域。

步骤 22 ❶输入热点"地图"名为"Map01"，❷然后在"链接"文本框中输入链接的首页地址，❸选择"目标"为"_blank"。

步骤 23 在"设计"视图下，使用"矩形热点工具"在其他商品分类区域单击并拖动，绘制热点地图，并其指定链接和打开方式。

步骤 24 单击"代码"按钮，切换到"代码"视图，在此视图下选中 <body></body> 标签中间的所有代码，按下快捷键 Ctrl+C，复制代码。

步骤 25 打开淘宝网店装修后台，单击店招右上角的"编辑"按钮，打开"店铺招牌"对话框，在对话框中单击"源码"按钮，按下快捷键 Ctrl+V，粘贴代码。

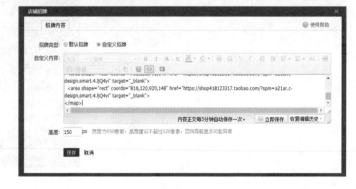

知识扩展 店招的排版技巧

淘宝基础版可以通过编写代码实现全屏店招效果，而旺铺专业版、智能版及天猫旺铺则可以使用自带的功能实现全屏店招效果。淘宝旺铺 3 种版本带"导航"功能的自定义招牌图尺寸为 950 像素 ×150 像素，页头背景图尺寸为 1920 像素 ×150 像素；天猫旺铺带"导航"功能的自定义招贴图尺寸为 990 像素 ×150 像素，页头背景图尺寸为 1920 像素 ×150 像素。无论是淘宝旺铺还是天猫旺铺，对页头背景图的要求都是图片大小在 200 KB 以内，格式为 GIF、JPG 或 PNG。

以制作旺铺专业版面全屏店招为例来讲解全屏店招的制作方法。打开网店装修后台，单击店招模块中的"编辑"按钮，如下左图所示，插入制作好的店招图片，如下右图所示。

单击左侧的"页头"按钮，在右侧单击"页头下边距 10 像素"下方的"关闭"按钮，再单击"更换"按钮，如下左图所示，在打开的对话框中选取 1920 像素 ×150 像素的背景图，如下中图所示，再更改背景显示方式为"不平铺"、背景对齐方式为"居中"，如下右图所示。

实例103 │ 店铺海报图的设计

无论是淘宝网店还是天猫网店的装修设计，都离不开商品促销宣传海报的制作。海报图可以用于网店商品的宣传推广，也可以用于特定活动的促销宣传。淘宝普通网店仅支持宽度为 950 像素，高度为 100 ～ 600 像素的海报图，而淘宝旺铺智能版则支持全屏宽图，全屏轮播支持宽度为 1920 像素，高度不超过 540 像素的海报图。

◎素材文件：随书资源\11\素材\04.png、05.png、06.jpg
◎最终文件：随书资源\11\源文件\店铺海报图的设计.html

步骤 01 启动 Photoshop，执行"文件>新建"菜单命令，输入文件名，设置"宽度"为 1920 像素、"高度"为 517 像素，单击"创建"按钮，创建新文档。

步骤 03 ❶设置前景色为 R253、G252、B249，❷使用"矩形工具"绘制矩形，❸将图形的"不透明度"设置为 50%。

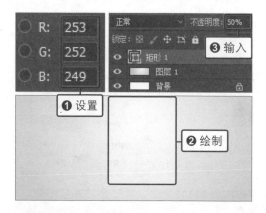

步骤 05 使用"矩形工具"在画面中绘制两个矩形图形，在"图层"面板中生成"矩形 2"和"矩形 3"图层，双击"矩形 3"图层。

步骤 02 新建图层，选择"渐变工具"，❶设置从白色到 R158、G224、B228 的渐变，❷单击选项栏中的"径向渐变"按钮，❸从图像中间向外侧拖动，填充渐变颜色。

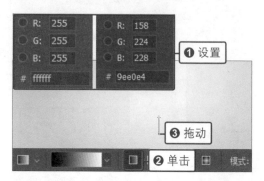

步骤 04 ❶为"矩形 1"图层添加图层蒙版，选择"渐变工具"，❷选择"黑，白渐变"，单击"线性渐变"按钮 ，❸拖动渐变，编辑蒙版。

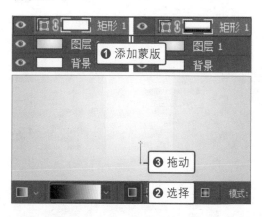

步骤 06 打开"图层样式"对话框，在对话框中单击"图案叠加"样式，在展开的选项组中设置样式选项，单击"确定"按钮。

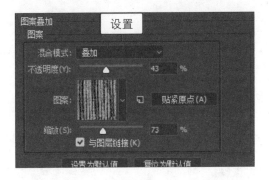

步骤 08 ❶执行"编辑 > 变换 > 顺时针旋转90 度"菜单命令，旋转图像，❷然后按下快捷键 Ctrl+T，调整图像的大小。

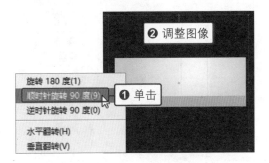

步骤 10 执行"文件 > 置入嵌入对象"菜单命令，将 04.png 窗帘图像置入到画面左侧，❶设置图层混合模式为"明度"，❷输入"不透明度"为 50%。

步骤 11 ❶按住 Ctrl 键不放，单击"04"图层缩览图，载入选区，创建"曲线 1"调整图层，打开"属性"面板，❷在面板中单击并向上拖动曲线，提亮图像。

步骤 07 ❶右击"图案叠加"样式，❷在弹出的快捷菜单中执行"创建图层"命令，创建"'矩形 3'的图案填充"图层。

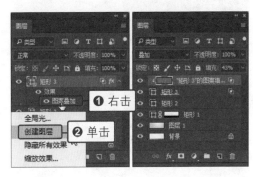

步骤 09 ❶再使用"矩形工具"绘制图形，创建"矩形 4"和"矩形 5"图层，❷将"矩形4"图层的"不透明度"设置为 80%。

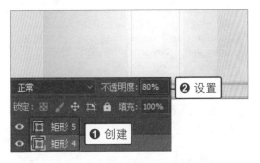

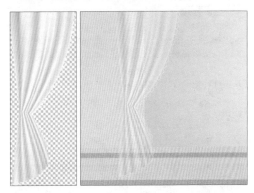

步骤 12 ❶按下快捷键 Ctrl+J，复制图层，创建"04 拷贝"和"曲线 1 拷贝"图层，❷执行"编辑 > 变换 > 水平翻转"菜单命令，水平翻转图像，❸将复制的窗帘图像移到右侧所需的位置。

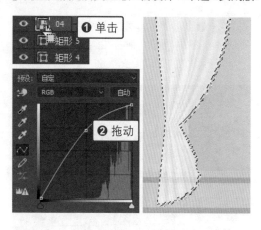

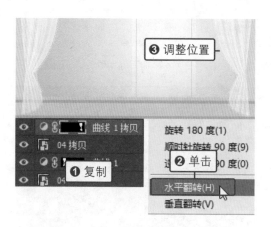

步骤 13 执行"文件 > 置入嵌入对象"菜单命令，将 05.png 叶子图像置入到画面中，添加图层蒙版，将多余的图像隐藏。

步骤 14 将 06.jpg 图像置入到画面中，❶使用"钢笔工具"沿化妆品边缘绘制路径，❷执行"图层 > 矢量蒙版 > 当前路径"菜单命令。

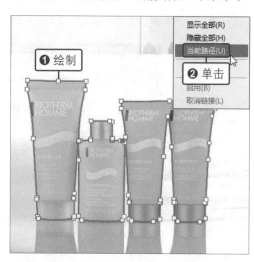

步骤 15 创建矢量蒙版，新建"色阶 1"调整图层，❶输入色阶为 36、1.00、235，新建"选取颜色 1"调整图层，❷选择"青色"，❸输入颜色比为 -4、+42、-36、0。

步骤 16 ❶盖印"06"图层及其上方的调整图层，创建"选取颜色 1（合并）"图层，❷执行"编辑 > 变换 > 垂直翻转"菜单命令，将其移到下方合适的位置，添加蒙版，创建倒影效果。

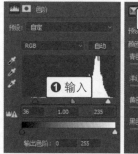

步骤 17 使用"钢笔工具"在化妆品图像旁边绘制出丝带图形，并创建"方案"图层组，输入广告文本，最后导出图像并上传到图片空间。

步骤 18 进入网店装修后台，❶单击图片下方的"复制代码"按钮🖼，复制图像代码，❷启动Dreamweaver，创建新文档，删除源代码并粘贴复制的代码。

步骤 19 打开"属性"面板，❶在"链接"文本框中输入商品对应的链接地址，❷选择"目标"为"_blank"，将代码粘贴到"自定义内容区"模块"源码"模式，发布即可。

实例104 ┃ 商品分类导航设计

　　当网店内的商品较多且分类较多时，将所有商品全部呈现在首页并不现实，这个时候就可以应用分类导航图，引导买家查看更多不同类别的商品。商品分类导航的设计是在一张图上添加多个分类页的链接地址，制作好商品分类图并添加到页面中之前，需要卖家先在装修后台创建分类页并生成相应的链接地址，以便在 Dream-weaver 中根据链接地址，建立相应的商品分类链接。

◎ 素材文件：随书资源\11\素材\07.jpg～11.jpg

◎ 最终文件：随书资源\11\源文件\商品分类导航设计.html

步骤 01 启动 Photoshop，执行"文件 > 新建"菜单命令，❶在打开的对话框中输入文件名，❷输入"宽度"为 1920 像素、"高度"为 1150 像素，❸设置背景颜色为 R28、G28、B28，创建新文件。

步骤 02 选择"矩形工具"，❶在选项栏中设置填充颜色为白色，❷在画面中单击并拖动，绘制两个不同宽度和高度的白色矩形图形。

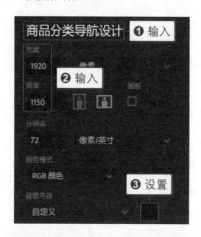

步骤 03 选择"横排文字工具"，❶打开"字符"面板，在面板中设置要输入文字的属性，❷在图形上方分别输入文字"分类导航"和"CATEGORIES"。

步骤 04 ❶创建"类别 1"图层组，❷使用"矩形工具"绘制一个白色矩形，❸执行"文件 > 置入嵌入对象"菜单命令，将 07.jpg 图像置入到矩形上方。

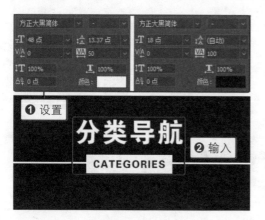

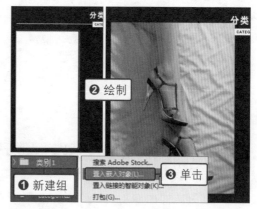

步骤 05 ❶执行"图层 > 创建剪贴蒙版"菜单命令，创建剪贴蒙版，隐藏矩形外的鞋子图像，❷使用"矩形工具"在鞋子中间位置绘制一个黑色的矩形。

步骤 06 打开"图层"面板，❶设置"不透明度"为 50%，降低透明度效果，❷使用"横排文字工具"在黑色矩形中间输入所需文字，❸单击"段落"面板中的"居中对齐"按钮，居中对齐文本。

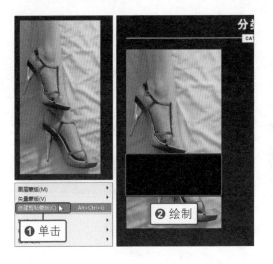

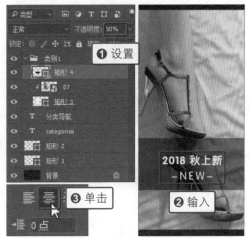

步骤 07 分别创建"类别 2""类别 3""类别 4""类别 5"图层组,在图层组中分别添加 08.jpg ～ 11.jpg 图像和文本内容。

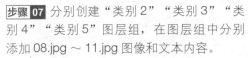

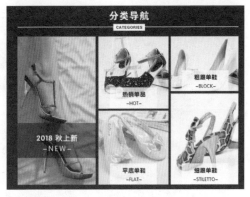

步骤 08 选择"圆角矩形工具",❶在选项栏中设置选项,❷绘制图形,❸设置"不透明度"为 8%,降低透明度效果。

步骤 09 ❶按下快捷键 Ctrl+J,复制出多个圆角矩形,将复制的图形向右移到所需位置,然后同时选中多个圆角矩形,❷单击"移动工具"选项栏中的"水平居中分布"按钮。

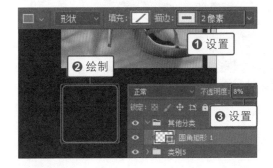

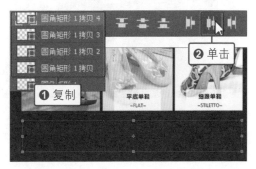

步骤 10 ❶使用"钢笔工具"分别在每个圆角矩形中间位置绘制不同形状的鞋子图形,选择"横排文字工具",❷打开"字符"面板,设置文字属性,❸在鞋子下方输入文字。

步骤 11 ❶选择工具箱中的"切片工具",❷根据画面中的商品分类,单击并拖动,绘制切片划分图像。

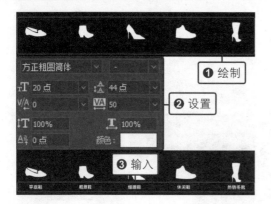

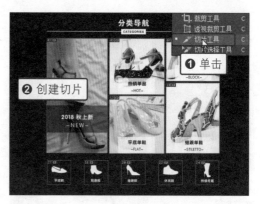

步骤 12 执行"文件 > 导出 > 存储为 Web 所用格式（旧版）"菜单命令，❶在打开的对话框中设置选项，❷单击"存储"按钮。

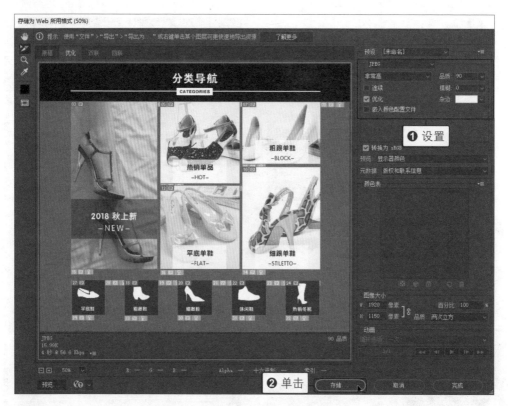

步骤 13 打开"将优化结果存储为"对话框，❶选择"HTML 和图像"格式，❷单击"保存"按钮，❸在弹出的对话框中单击"确定"按钮。

步骤 14 打开网店装修后台，将存储的切片图像上传到图片空间，选择图像，单击图像下方的"复制链接"按钮，复制链接。

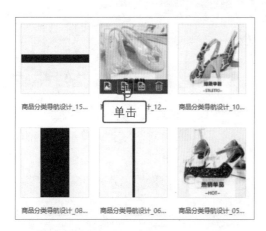

步骤 15 运行 Dreamweaver 软件，打开"商品分类导航设计 .html"文件，在"设计"视图中选中图像，然后在"代码"视图下粘贴复制的链接。

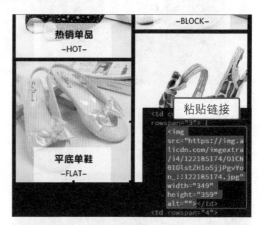

步骤 16 打开"属性"面板，❶在"链接"文本框中输入图像链接地址，❷选择"目标"为"_blank"，完成图像的链接设置。采用相同的方法对其他图像进行替换并链接，最后将其上传到自定义内容区即可。

实例105 ｜ 旺旺客服区设计

　　每一个网店都有旺旺联系的入口模板，但是位置不够明显，且无法直观看到子账号的联系入口，因此，在装修网店时可以通过添加自定义模块，制作个性化的客服中心，把开启旺旺对话的入口单独放在醒目的位置，如此不但可以让买家在有问题时更快速地联系到客服，而且可以更方便地告知买家客服在线时间及发货时间等信息。

◎ 素材文件：随书资源\11\素材\12.jpg

◎ 最终文件：随书资源\11\源文件\旺旺客服区设计.html

步骤 01 启动 Photoshop，执行"文件 > 新建"菜单命令，❶在打开对话框中输入文件名，❷设置"宽度"为 990 像素、"高度"为 250 像素，创建新文件。

步骤 02 ❶设置前景色为 R210、G189、B159，❷新建"图层 1"图层，按下快捷键 Alt+Delete，为"图层 1"图层填充颜色。

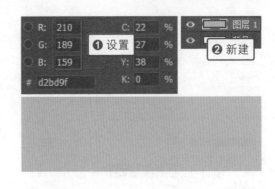

步骤 03 双击图层缩览图，打开"图层样式"对话框，在对话框中选择"图案叠加"样式，设置样式选项，单击"确定"按钮。

步骤 04 应用设置的"图案叠加"样式，在图像窗口中可看到应用"图案叠加"样式的背景效果。

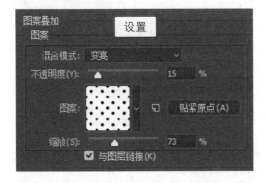

步骤 05 选择"矩形工具"，❶在选项栏中设置填充色为 R223、G226、B207，❷在画面中单击并拖动，绘制一个矩形图形。

步骤 06 双击形状图层缩览图，打开"图层样式"对话框，在对话框中选择"投影"样式，设置样式选项，单击"确定"按钮应用样式。

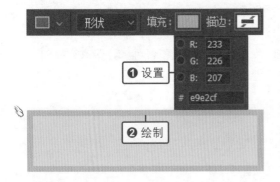

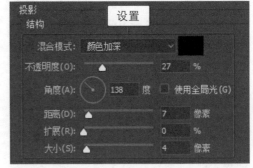

步骤 07 将 12.jpg 卡通图像置入矩形左侧，得到"12"图层，单击"添加图层蒙版"按钮，添加图层蒙版。

步骤 08 ❶单击"属性"面板中的"颜色范围"按钮,打开"色彩范围"对话框,❷设置"颜色容差"值为 59,❸勾选"反相"复选框,❹使用"吸管工具"单击背景部分。

步骤 09 确认设置,根据"色彩范围"调整蒙版显示区域。选择"钢笔工具",❶设置描边颜色为 R210、G189、B159,❷设置粗细为 1 像素、类型为虚线,❸绘制一条直线。

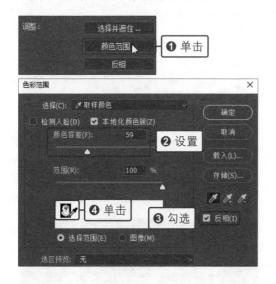

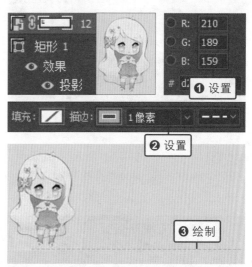

步骤 10 使用"钢笔工具"在画面中绘制另外两条水平和垂直的直线,使用"横排文字工具"在画面中输入所需的文字信息,❶双击"周末接单不发货"文本图层,打开"图层样式"对话框,❷在对话框中设置"渐变叠加"样式,完成旺旺客服区的制作。

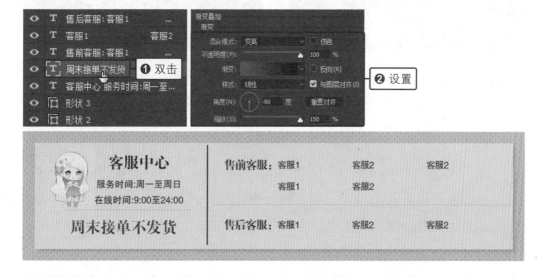

步骤 11 执行"文件>导出>存储为 Web 所用格式(旧版)"菜单命令,打开"存储为 Web 所用格式"对话框,❶在对话框中设置选项后,❷单击"存储"按钮。

步骤 12 打开"将优化结果存储为"对话框,❶在对话框中选择"仅限图像"格式,❷单击"保存"按钮,保存文件,将存储的图像上传到图片空间。

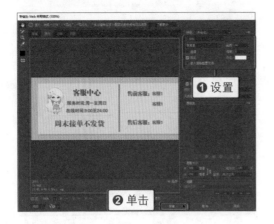

步骤 13 执行"插入 >HTML>Table"菜单命令，打开 Table 对话框，输入"行数"为 6、"列"为 7、"表格宽度"为 990 像素。

步骤 14 切换到"代码"视图，将插入点定位于 <table> 标签内，修改代码，将表格高度设置为 240，并指定表格背景图像。

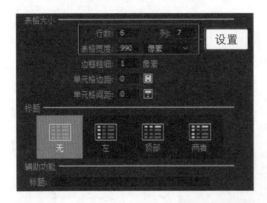

步骤 15 修改代码后，在"设计"视图下可以看到调整表格高度，并为其添加背景图后的效果。

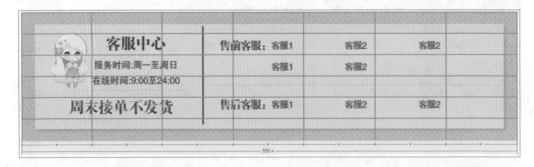

知识扩展 **装修小技巧**

应用 Dreamweaver 软件制作网店装修代码时，若预览效果与装修后台预览效果不一致时，应以装修后台为准进行调整。

步骤 16 将鼠标指针移到表格线位置，当其呈 ┿形或 ╪形时，单击并拖动鼠标，调整单元格的宽度或高度。

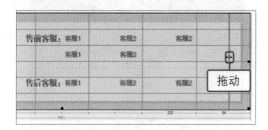 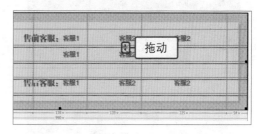

步骤 17 调整单元格的宽度和高度后，将光标定位于表格中的第 2 行第 2 个单元格内。

步骤 18 打开淘宝官方旺旺代码生成地址 https://www.taobao.com/go/chn/aliwang-wang/help.php，单击"旺遍天下"按钮。

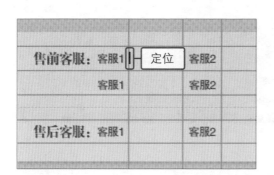 

步骤 19 弹出代码设置窗口，选择默认的风格，❶输入阿里旺旺账户名称，❷单击"生成网页代码"按钮。

步骤 20 即可生成阿里旺旺代码，单击窗口中的"复制代码"按钮，复制旺旺代码。

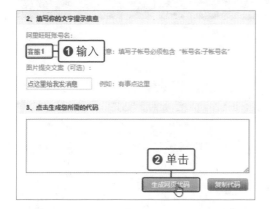 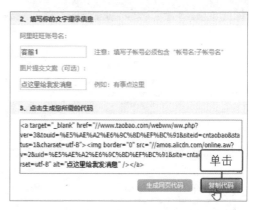

步骤 21 回到 Dreamweaver 中，切换至"代码"视图下，按下快捷键 Ctrl+V，粘贴复制的旺旺代码。

步骤 22 由于复制粘贴的 URL 地址均以"//"开头，因此旺旺图标无法显示，需要在前面添加"http:"字样。

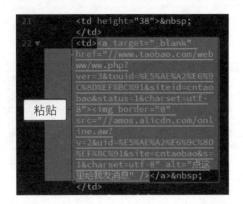

步骤 23 在"设计"视图下，❶选中旺旺图标所在单元格，❷在"属性"面板中设置"水平"为"居中对齐"、"垂直"为"居中"。

步骤 24 继续使用同样的方法，在表格中的其他单元格中也粘贴旺旺图标的代码，并调整旺旺图标的对齐方式，在"代码"视图下更改 border 值为 0，隐藏表格边框线，完成旺旺客服区的设计。

步骤 25 在"代码"视图下，选中 <body></body> 标签中间的所有代码，按下快捷键 Ctrl+C，拷贝选中的代码。

步骤 26 打开网店装修后台，添加一个"自定义"模块，打开"自定义内容区"窗口，切换到"源码"模式，按下快捷键 Ctrl+V，粘贴代码，完成装修。

实例106 | 店铺优惠券和收藏区设计

　　淘宝网店在默认情况下是不会显示店铺优惠券的，为了吸引买家购物，可以在装修网店时制作个性化的店铺优惠券，并搭配一个收藏店铺的提示，以便将买家转变为潜在顾客。由于目前没有收藏店铺并自动发放优惠券的应用或工具，所以我们在设计的时候需要分别为优惠券和收藏店铺区指定不同的链接地址，并将制作好的装修图片和代码添加到自定义模块中。

◎ 素材文件：随书资源\11\素材\13.png
◎ 最终文件：随书资源\11\源文件\店铺优惠券和收藏区设计.html

步骤 01 启动 Photoshop，执行"文件 > 新建"菜单命令，❶在打开对话框中输入文件名，❷设置"宽度"为 990 像素、"高度"为 430 像素，单击"创建"按钮，创建新文件。

步骤 02 ❶设置前景色为 R128、G0、B25，❷新建"图层 1"图层，按下快捷键 Alt+De-lete，应用设置的前景色填充图层，定义画面的背景颜色。

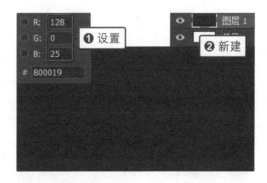

步骤 03 选择"矩形工具"，❶在选项栏中设置填充色为 R255、G246、B0，❷在画面中单击并拖动，绘制一个黄色的矩形。

步骤 04 使用"横排文字工具"在黄色的矩形上方输入所需的文字，结合"字符"面板为文字设置合适的大小和颜色。

步骤 05 打开 13.png 图像，将其复制到文字左侧，得到"图层 2"图层，双击"图层 2"图层缩览图。

步骤 06 打开"图层样式"对话框，在对话框中单击"投影"样式，并设置样式选项，单击"确定"按钮。

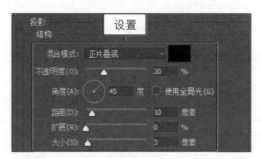

步骤 07 选择"多边形工具"，❶在选项栏中设置填充色为 R223、G14、B113，❷"边"为 5，❸在文字右侧绘制图形，❹按下快捷键 Ctrl+T，拖动右上角控点，旋转图形。

步骤 08 选择"横排文字工具"，❶在"字符"面板中设置文字属性，❷输入文字"点击收藏"，❸按下快捷键 Ctrl+T，打开自由变换编辑框，对文字进行同样的旋转操作。

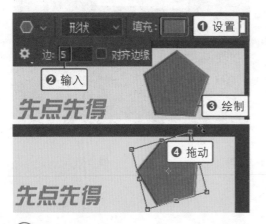

步骤 09 ❶双击"点击收藏"文本图层,打开"图层样式"对话框,❷在对话框中单击"外发光"样式,设置外发光选项,修饰文字效果。

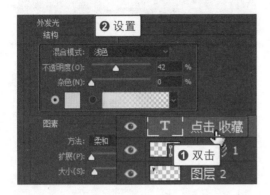

步骤 11 ❶新建"优惠券"图层组,❷选择"椭圆工具",按住 Shift 键不放,单击并拖动,绘制一个白色圆形。

步骤 13 打开"图层样式"对话框,在对话框中单击"投影"样式,在展开的选项组中设置样式选项。

步骤 10 选择"钢笔工具",❶在选项栏中设置填充颜色为 R252、G228、B4,描边颜色为 R225、G32、B66,❷使用"钢笔工具"在"点击收藏"文本下方绘制手指形状的图形。

步骤 12 结合"钢笔工具""矩形工具"在白色的圆形上绘制红包图形,然后双击"形状 5"图层缩览图。

步骤 14 分别双击"形状 3""形状 4""形状 4 拷贝"图层缩览图,为图层中的图形添加"投影"样式。

步骤 15 选择"横排文字工具"，在绘制的图形上方输入对应的优惠券面值和使用范围等内容。

步骤 17 选择"横排文字工具"，修改优惠券信息，完成店铺优惠券和收藏区设计，执行"文件 > 导出 > 存储为 Web 所用格式（旧版）"菜单命令，导出图像并上传到图片空间。

步骤 19 打开"属性"面板，❶单击面板中的"多边形热点工具"按钮，❷在图像中连续单击，绘制热点地图。

步骤 16 按下快捷键 Ctrl+J，复制出多个优惠券图层组，将其移到所需位置，❶选中所有优惠券图层组，❷单击"水平居中分布"按钮。

步骤 18 在图片空间中单击图像下方的"复制代码"按钮，启动 Dreamweaver 软件，创建新文档，删除源代码，按下快捷键 Ctrl+V，粘贴代码。

步骤 20 在浏览器窗口中打开需要创建链接的网络地址，将鼠标指针置于地址栏，单击"复制网址"按钮。

步骤 21 将光标定位于"链接"文本框中，❶删除"#"，按下快捷键 Ctrl+V，粘贴网址，❷单击"目标"下拉按钮，选择"_self"选项，选择在当前窗口中打开链接。

步骤 22 ❶单击"属性"面板中的"圆形热点工具"按钮，❷在画面中的第 1 个优惠券上方单击并拖动，绘制出一个圆形热点地图区。

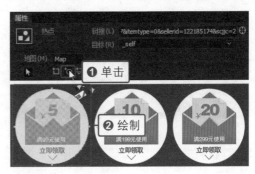

步骤 23 打开网店装修后台，选择营销工作台下的优惠券，单击优惠券右侧的"链接"文本。

步骤 24 弹出"链接地址"对话框，在对话框中单击"复制链接"按钮，复制优惠券链接地址。

步骤 25 返回 Dreamweaver 窗口，❶在"链接"文本框中粘贴复制的链接地址，❷在"目标"下拉列表中选择"_blank"选项，指定链接打开的方式。

步骤 26 选中创建的圆形热点地图，按下快捷键 Ctrl+C 和 Ctrl+V，粘贴圆形热点地图，将复制的热点地图移到合适的位置。

步骤 27 打开"属性"面板，在面板中的"链接"文本框中更改优惠券链接地址，其他选项不变。

步骤 28 选中创建的圆形热点地图，按下快捷键 Ctrl+C 和 Ctrl+V，粘贴圆形热点地图，将复制的热点地图移到合适的位置。

步骤 29 打开"属性"面板，分别选择右侧两个圆形热点地图，在"链接"文本框中指定链接地址。

设置

步骤 30 存储文档，按下快捷键 F12，在浏览器中预览效果，单击图片中的"点击收藏"字样，在当前窗口中显示收藏店铺页面。单击图片中的红包，在新窗口中打开店铺优惠券链接，确认链接无误后，拷贝 <body> 标签中间的所有代码并粘贴到"自定义内容区"模块"源码"中。

技巧提示 指定热点地图名称

使用"矩形热点工具""圆形热点工具""多边形热点工具"创建热点链接时，需要在"属性"面板中的"地图"文本框中输入热点指定唯一的地图名称，如果装修页面中需要创建多个热点而没有为这些指定唯一的地图名称，则可能导致单击热点地图时无法实现页面的链接跳转。

实例107 | 店铺公告设计

店铺公告栏既是卖家介绍自己网店的重要地方，也是买家了解网店的一个重要窗口。淘宝旺铺不能直接设置滚动的公告栏，需要在后期处理时结合 Photoshop 和 Dreamweaver 制作店铺公告栏，然后在装修页面中添加自定义模块，制作出动态的公告栏。

◎素材文件：随书资源\11\素材\14.png～17.png

◎最终文件：随书资源\11\源文件\店铺公告设计.html

步骤 01 启动 Photoshop，创建新文件，❶设置前景色为 R188、G13、B25，❷新建"图层 1"图层，按下快捷键 Alt+Delete，填充颜色。

步骤 02 ❶打开 14.png 图像，将其复制到新建文档中，❷设置图层混合模式为"减去"，❸输入"不透明度"为 18%。

步骤 03 选择"圆形矩形工具"，❶在选项栏中设置要填充的渐变颜色，❷输入"半径"为 5 像素，❸在画面中间绘制图形。

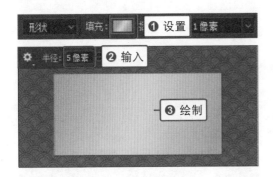

步骤 04 ❶在"圆角矩形工具"选项栏中设置填充颜色和描边颜色，❷输入描边粗细为 3 像素，❸在画面中绘制图形。

步骤 05 ❶复制"图层 2"图层，创建"图层 2 拷贝"图层，将其移到"圆角矩形 2"图层上，❷执行"图层 > 创建剪贴蒙版"菜单命令，创建剪贴蒙版。

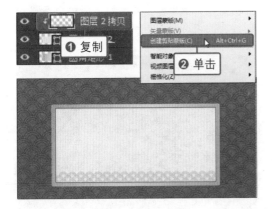

步骤 06 ❶按下 Ctrl 键单击"图层 2 拷贝"图层缩览图，载入选区，❷新建"颜色填充 1"调整图层，设置填充色为 R216、G12、B45，按下快捷键 Ctrl+Alt+G，创建剪贴蒙版。

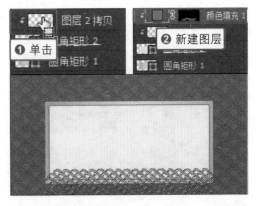

步骤 07 ❶执行"文件＞置入嵌入对象"菜单命令，将 15.png 图像置入到画面中，❷按下快捷键 Ctrl+Alt+G，创建剪贴蒙版，隐藏超出矩形边缘的图像。

步骤 08 ❶按下 Ctrl 键单击"15"图层缩览图，载入选区，新建"曲线 1"调整图层，❷单击并拖动曲线，调整图像亮度，❸按下快捷键 Ctrl+Alt+G，创建剪贴蒙版。

步骤 09 ❶复制"15"和"曲线 1"图层，得到"15 拷贝"和"曲线 1 拷贝"图层，❷执行"编辑＞变换＞水平翻转"菜单命令，水平翻转图像，❸将图像移到右侧适当位置。

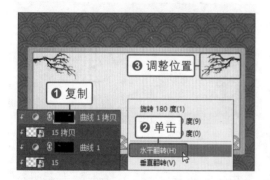

步骤 10 ❶新建"组 1"图层组，❷执行"文件＞置入嵌入对象"菜单命令，将 16.png 折扇图像置入到画面中。

步骤 11 按两次快捷键 Ctrl+J，复制"16"图层，得到"16 拷贝"和"16 拷贝 2"图层，按下快捷键 Ctrl+T，应用自由变换工具将图像调整至合适的大小和位置。

步骤 12 ❶双击"16"图层名右侧空白处，打开"图层样式"对话框，在对话框中单击"投影"样式，❷在右侧的选项组中设置投影样式选项，为图像添加投影效果。

技巧提示　删除不需要的样式

在图层中添加样式后，如果对样式不满意或不再需要该样式，可以单击选中样式后，将其拖动到"图层"面板中的"删除图层"按钮📋上，删除样式。

步骤 13 ❶按住 Ctrl 键不放，单击"16"图层缩览图，载入选区，❷执行"选择 > 色彩范围"菜单命令。

步骤 15 单击"确定"按钮，根据单击的颜色创建选区，选择"快速选择工具"，❶单击选项栏中的"添加到选区"按钮🖌，❷在选区内单击，调整选区范围。

步骤 17 ❶按下快捷键 Ctrl+J，复制"组 1"，得到"组 1 拷贝"图层组，❷执行"编辑 > 变换 > 水平翻转"菜单命令，水平翻转图层组中的图像，❸将图像移到右下角位置。

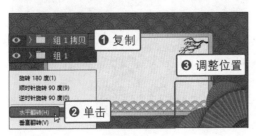

步骤 14 打开"色彩范围"对话框，❶在对话框中设置"颜色容差"值为 200，❷单击"添加到取样"按钮，❸在扇骨位置单击。

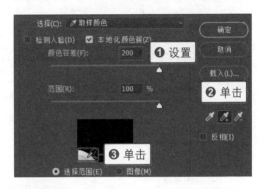

步骤 16 新建"颜色填充 2"图层，❶在"拾色器（纯色）"对话框中设置填充颜色为 R135、G5、B3，❷在"图层"面板中设置图层混合模式为"颜色"。

步骤 18 ❶执行"文件 > 置入嵌入对象"菜单命令，将 17.png 图像置入到画面中，❷利用快捷键 Ctrl+J 复制出多个相同的图像，❸将复制图像分别放置在合适的位置。

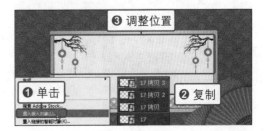

步骤 19 选择"椭圆工具"，❶在选项栏中设置填充和描边颜色；❷然后单击"路径操作"按钮，❸在展开的列表中单击"合并形状"选项，❹使用"椭圆工具"在画面顶部绘制多个圆形。

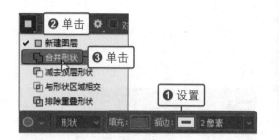

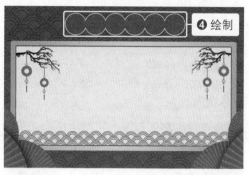

步骤 20 选择"横排文字工具"，❶打开"字符"面板，设置文字的字体和颜色等属性，❷在圆形上方输入文字"春节放假公告"，完成公告背景图的设计，导出为 JPG 格式图像并上传到图片空间。

步骤 21 启动 Dreamweaver，新建文档，删除源代码，执行"插入 >Table"菜单命令，❶在打开的对话框中输入"行数"为 1、"列"为 1，❷输入"表格宽度"为 950 像素，在页面中插入一个包含 1 行 1 列的表格。

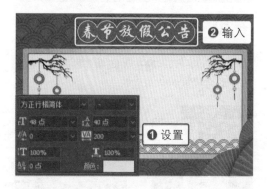

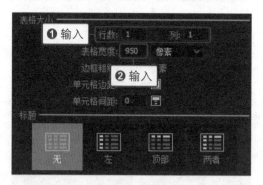

步骤 22 打开网店装修后台，❶单击图片下方的"复制链接"按钮，回到 Dreamweaver 中，❷将表格高度更改为 469，将背景图像链接设置为图片空间中的图像链接。

步骤 23 执行"插入 >Table"菜单命令，打开Table 对话框，❶在对话框中输入"行数"为 3、"列"为 3，❷输入"表格宽度"为 950 像素，嵌套表格。

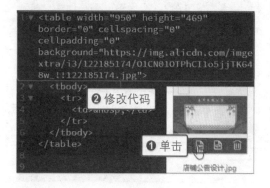

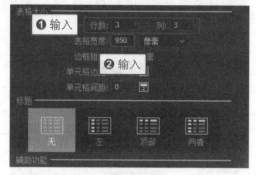

步骤 24 ❶将光标定位于第 1 行第 1 个单元格中，❷在"代码"视图下修改代码为 <td width="290" height="150"> </td>，调整单元格宽度和高度。

步骤 25 继续使用相同的方法，将光标定位于其他单元格内，在"代码"视图下输入代码，修改单元格的宽度和高度。

步骤 26 单击"设计"按钮，返回"设计"视图，在表格第 2 行第 2 个单元格中输入店铺公告内容。

步骤 27 将光标定位于文字前面，修改代码为 <ul><li> 本店 2/1-2/15 全体员工放假；放假期间产生的订单将于上班后统一发出 </li>
<li> 请亲们自助下单 </li>
<li> 售后：放假期间，如有售后问题，请亲们在旺旺留言，上班后会逐一认真答复 </li>
<li> 给您带来不便，敬请谅解，本店全体员工祝您节日快乐！ </li></ul>。

```
    <td width="280"> </td>
</tr>
<tr>
    <td height="180"> </td>
    <td><ul><li>本店2/1-2/15全体员工放假；放假期间产生的订单将于上班后统一发出</li><br>
    <li>请亲们自助下单</li><br>
    <li>售后：放假期间，如有售后问题，请亲们在旺旺留言，上班后会逐一认真答复</li><br>
    <li>给您带来不便，敬请谅解，本店全体员工祝您节日快乐！</li></ul></td>
    <td> </td>
</tr>
<tr>
```

步骤 28 在输入的文本前添加无序列表标记，在"设计"视图下预览制作无序列表后的文本效果。

步骤 29 在"代码"视图下添加代码 <marqueewidth="435" height="150" scrollamount="2" direction="up"></marquee>。

步骤 30 将光标定位于<td>标签内，修改代码为<td style="font-family:'黑体';font-size:20px">，设置公告文字的字体为黑体、大小为20px。

步骤 31 复制所有代码，在网店装修后台添加一个自定义模块，编辑模块，切换至"源码"模式，按下快捷键 Ctrl+V，粘贴代码，完成店铺公告的设计。

实例108 主图与橱窗照设计

商品主图作为吸引点击的"敲门砖"，对网店的流量和销售转化都起着尤为重要的作用。如果商品主图处理不好，那么商品就很容易被买家忽略。制作商品主图时，首先需要从有利于"曝光展现"的主图发布规则着手设计，其次要有大局观，适用于多渠道的展现，再次就是主图不要有"牛皮癣"。

◎ 素材文件：随书资源\11\素材\18.jpg、19.jpg、20.png、21.jpg～26.jpg

◎ 最终文件：随书资源\11\源文件\主图与橱窗照设计1～5.psd

步骤 01 启动 Photoshop，执行"文件 > 新建"菜单命令，打开"新建文档"对话框，由于淘宝网店装修后台支持 5 张主图，❶因此这里输入文件名为"主图与橱窗照设计 1"，❷输入"宽度"为 1000 像素，❸输入"高度"为 1000 像素。

步骤 02 创建新文件，选择"矩形工具"，在画面中单击，❶在弹出的对话框中输入"宽度"和"高度"均为 1000 像素，绘制粉红色正方形，❷双击形状图层名右侧空白处，在打开的"图层样式"对话框中设置"渐变叠加"样式。

步骤 03 ❶执行"文件 > 置入嵌入的对象"菜单命令，将 18.jpg 缎布图像置入到画面中，得到"18"图层，❷设置图层混合模式为"颜色加深"。

步骤 04 执行"文件 > 置入嵌入的对象"命令，将 19.jpg 保温杯图像置入到画面中，❶使用"钢笔工具"沿图像边缘绘制路径，❷执行"图层 > 矢量蒙版 > 当前路径"命令。

知识扩展　商品主图发布规则

发布商品时，需要在"图文描述"区添加商品图片。从左往右第 1 张显示"宝贝主图"字样的为必填项，如下图所示，单击即可上传已经做好的图片。

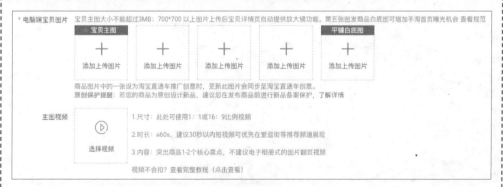

大多数类目的电脑端主图最多可以添加 5 张，除了第 1 张必须上传外，其他 4 张可以选择是否上传。默认主图为正方形，单张图片大小不超过 3 MB，最小尺寸为 410 像素 ×410 像素，当上传图片尺寸为 410 ～ 700 像素时，图片没有放大镜功能，而超过 700 像素 ×700 像素的，则会自动提供放大镜功能。

目前大多数类目在移动端发布商品图片时，没有开放单独的入口，可以直接单击"复制电脑端宝贝图片"按钮，或者单击"上传新图片"按钮，上传专门为移动端制作的图片。需要注意的是，手机或平板电脑的屏幕尺寸相对较小，所以对图片的清晰度要求更高，最好使用清晰的图片进行展示。

除了之外，还有少数类目，如"女装/女士精品 >> 连衣裙"，除了5张正方形图片外，还可以添加一张长图，如下图所示，用于在搜索列表和市场活动等页面展示。此长图的长宽比必须为 2：3，最小高度为 480 像素，建议采用尺寸为 800 像素 ×1200 像素的图片。

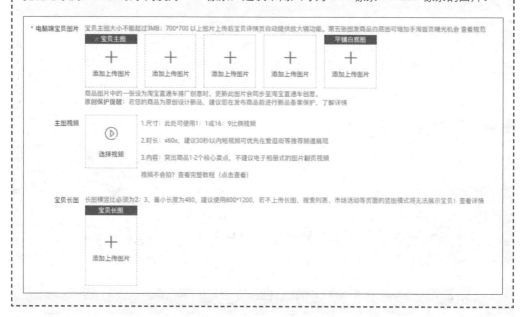

步骤 05 根据路径创建矢量蒙版，隐藏多余图像，双击"19"图层名右侧的空白处，打开"图层样式"对话框，在对话框中设置"内发光"和"投影"样式，修饰保温杯图像。

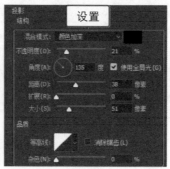

步骤 06 ❶按住 Ctrl 键不放，单击"19"图层的蒙版缩览图，载入选区，新建"色阶 1"调整图层，❷在展开的"属性"面板中设置色阶为 29、1.27、255。

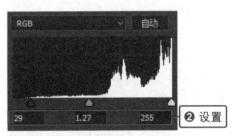

步骤 07 再次载入选区，新建"色相/饱和度 1"调整图层，展开"属性"面板，❶输入"饱和度"为 +20，❷选择"洋红"选项，❸输入"色相"为 +8，❹输入"饱和度"为 +11。

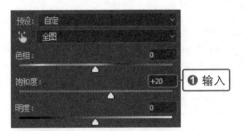

步骤 08 ❶新建"文案"图层组，❷选择"横排文字工具"，打开"字符"面板，设置文字属性，❸输入文字"温暖如初"。

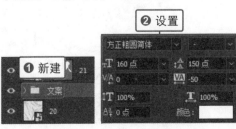

步骤 09 双击文本图层名右侧空白处，打开"图层样式"对话框，在对话框中单击并设置"渐变叠加"样式，修饰文字效果。

步骤 10 单击"图层样式"对话框中的"投影"样式，在右侧设置样式选项，设置后单击"确定"按钮，应用样式。

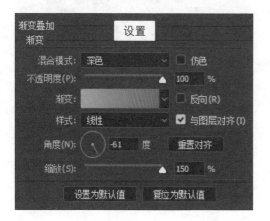

步骤 11 选择"直线工具"，❶设置填充颜色为 R236、G120、B111，❷输入"粗细"为4 像素，❸在文字下方绘制一条直线。

步骤 12 ❶选择"横排文字工具"，打开"字符"面板，调整文字属性，❷在画面中单击输入文字"500mL 大容量"。

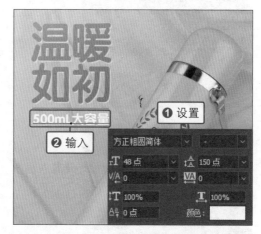

步骤 13 ❶双击文本图层，打开"图层样式"对话框，❷在对话框中单击并设置"渐变叠加"样式，修饰文字。

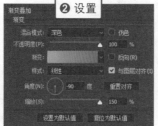

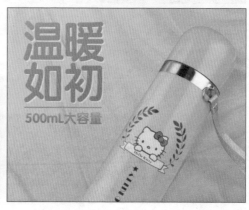

步骤 14 结合横排文字工具和矢量绘画工具，在画面中添加更多的文字和修饰图形，存储并导出 JPG 图像。

步骤 15 执行"文件 > 存储为"菜单命令，另存为"主图和橱窗照设计 2.psd"，删除多余图像，并调整保温杯大小和角度。

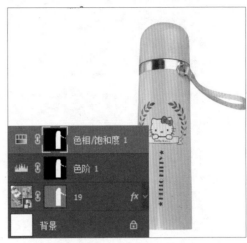

步骤 16 ❶执行"文件 > 置入嵌入的对象"菜单命令，将 20.png 手机图像置入到画面中，❷使用"矩形工具"在手机屏幕位置绘制矩形，❸按下快捷键 Ctrl+J，复制图形。

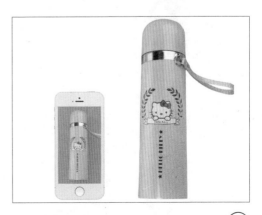

步骤 17 ❶按下快捷键 Ctrl+J，复制"19"图层，创建"19 拷贝"图层，缩小图层中的图像，移到"矩形 1 拷贝"图层上方，❷按下快捷键 Ctrl+Alt+G，创建剪贴蒙版。

步骤 18 结合横排文字工具和矢量绘画工具在画面中添加相应的文字说明，存储并导出为 JPG 格式文件。

步骤 19 执行"文件 > 存储为"菜单命令，另存为"主图与橱窗照设计 3.psd"，删除多余对象，将保温杯移到画面中间，存储文件。

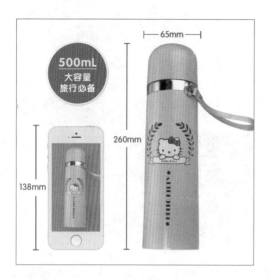

步骤 20 打开"主图与橱窗照设计 1.psd"，将其另存为"主图与橱窗照设计 4.psd"，删除"文案"图层组，并调整保温杯的位置和角度。

步骤 21 将 21.jpg 和 22.jpg 保温杯图像置入到画面中，创建矢量蒙版，隐藏多余背景，按下快捷键 Ctrl+Shift+Alt+E，盖印图像。

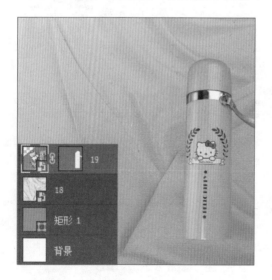

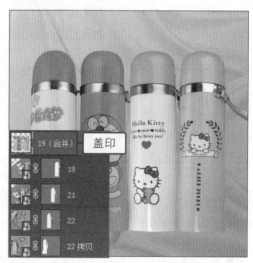

步骤 22 ❶按住 Ctrl 键不放，单击"19（合并）"图层，载入选区，❷单击"色阶 1"和"色相 / 饱和度 1"图层蒙版，按下快捷键 Alt+Delete，将选区填充为白色。

步骤 23 按下快捷键 Ctrl+Shift+Alt+E，盖印保温杯图像和上方的调整图层，创建"色相 / 饱和度 1（合并）"图层，将图层移到合适的位置，添加蒙版制作投影。

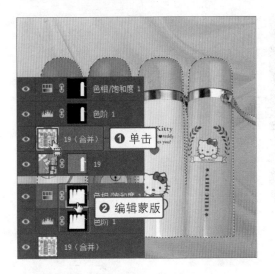

步骤 24 选择"椭圆工具"，❶在选项栏中设置选项，❷然后单击并拖动，绘制圆形图形，然后在图形中间输入简单的文字说明。

步骤 25 新建"主图与橱窗照设计 5"文件，选择"圆形矩形工具"，❶设置"半径"为20 像素，❷在画面左上角绘制图形。

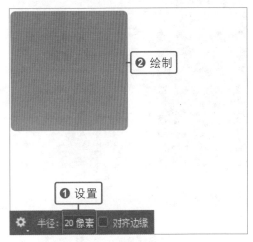

步骤 26 ❶按下快捷键 Ctrl+J，复制矩形，创建"圆角矩形 1 拷贝"图层，❷使用路径编辑工具调整图形的外观。

步骤 27 选中"圆角矩形 1"和"圆角矩形 1 拷贝"图层，按下快捷键 Ctrl+J，复制图形，将复制的图形分别移到合适的位置。

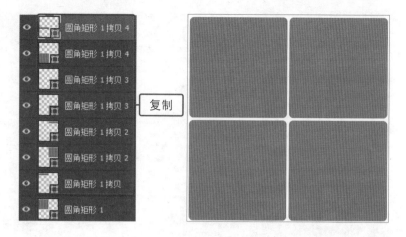

步骤 28 执行"文件 > 置入嵌入对象"菜单命令，将 23.jpg ～ 26.jpg 图像置入到画面中，按下快捷键 Ctrl+Alt+G，创建剪贴蒙版。

步骤 29 新建"曲线 1"调整图层，❶单击并拖动曲线，提亮图像，❷然后编辑"曲线 1"蒙版，还原部分区域的亮度，输入文字。

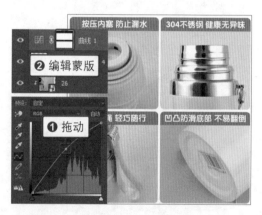

步骤 30 将所在的主图图像导出并上传到图片空间，打开网店装修后台，❶在商品发布页面单击"添加上传图片"，❷在弹出的窗口中单击要上传的主图图像进行上传。

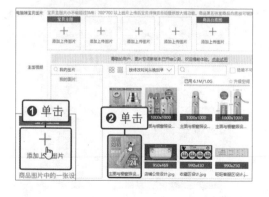

步骤 31 根据需要展示的图片顺序继续单击进行主图的上传操作，上传后在页面中可以预览上传效果。

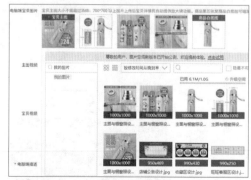

实例109 | 商品详情展示设计

对于商品细节图，即使同一幅商品图像让不同的美工来做，其结果也不同。商品详情的设计，可以结合点、线、面的处理、多图拼接、文字排版及颜色搭配等多方法入手，将商品与其他同类商品相比的主要特点和优势等突出展示出来，以吸引买家的注意。

◎ 素材文件：随书资源\11\素材\27.png、28.png、29.jpg～35.jpg
◎ 最终文件：随书资源\11\源文件\商品详情展示设计.html

步骤 01 启动 Photoshop，新建"宽度"为 750 像素的文档，❶创建图层组，❷设置前景色为 R145、G191、B34，使用"矩形工具"绘制矩形，❸双击形状图层名右侧空白处，在打开的对话框中设置"渐变叠加"样式。

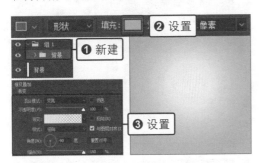

步骤 02 打开 27.png 素材图像，❶使用工具箱中的"矩形选框工具"选择左侧的叶子图像，❷将其复制到新建文档中，得到"图层 1"图层，❸执行"图层 > 智能对象 > 转换为智能对象"菜单命令，转换为智能对象图层。

步骤 03 执行"滤镜 > 模糊 > 高斯模糊"菜单命令，打开"高斯模糊"对话框，❶在对话框中输入"半径"为 1.5 像素，❷单击"确定"按钮，模糊图像。

步骤 04 执行"滤镜 > 模糊 > 动感模糊"菜单命令，打开"动感模糊"对话框，❶输入"角度"为 31 度、"距离"为 21 像素，❷单击"确定"按钮，进一步模糊图像。

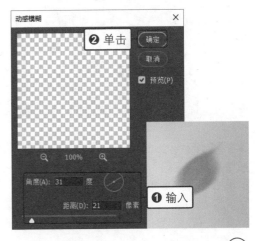

步骤 05 置入 28.png 图像，使用"高斯模糊"和"动感模糊"滤镜对其进行模糊处理，并复制多个猕猴桃切片及右侧的叶子图像。

步骤 06 将 29.jpg 图像复制到画面中，得到"29"图层，为此图层添加蒙版，❶双击图层蒙版缩览图，打开"属性"面板，❷单击"颜色范围"按钮。

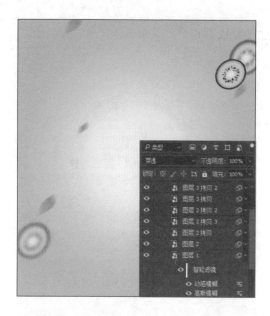

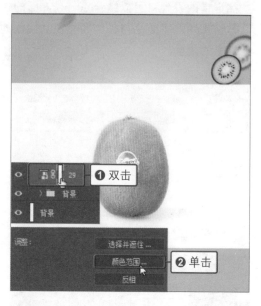

步骤 07 打开"色彩范围"对话框，❶在对话框中设置"颜色容差"值为 43，❷勾选"反相"复选框，❸使用"吸管工具"猕猴桃旁边的背景区域单击，调整选择范围。

步骤 08 根据设置的选择范围，调整蒙版，❶按住 Shift 键不放，单击图层蒙版缩览图，显示蒙版，❷将猕猴桃外的其他区域均填充为黑色。

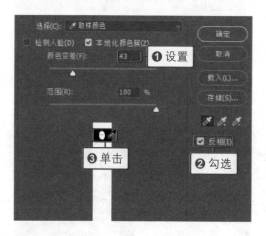

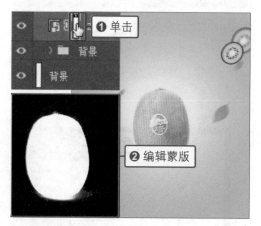

步骤 09 ❶按住 Ctrl 键不放，单击"29"图层蒙版缩览图，载入选区，❷新建"曲线 1"调整图层，在"属性"面板中单击并拖动曲线，调整图像亮度。

步骤 10 将 30.jpg 图像置入到画面中，❶使用"钢笔工具"沿猕猴桃边缘绘制路径，❷执行"图层 > 矢量蒙版 > 当前路径"菜单命令，创建矢量蒙版。

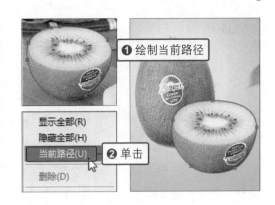

步骤 11 载入蒙版选区，新建"选取颜色 1"调整图层，❶在"属性"面板中输入颜色比为 +17、-2、+13、+10，❷选择"黄色"选项，❸输入颜色比为 +15、-6、-1、0，❹单击"绝对"单选按钮。

步骤 12 应用设置的"可选颜色"选项调整猕猴桃颜色，同时选择"30"图层和"选取颜色 1"调整图层，按下快捷键 Ctrl+J，复制图层，得到"30 拷贝"和"选取颜色 1 拷贝"图层，将图层移到合适的位置。

步骤 13 选择工具箱中的"矩形工具"，❶在选项栏中设置要绘制图形的填充颜色，❷在画面中单击并拖动，绘制矩形图形。

步骤 14 选择"椭圆工具"，❶在选项栏中设置各选项，❷按住 Shift 键不放，在画面中单击并拖动绘制圆形，❸按下快捷键 Ctrl+J，复制圆形，❹在选项栏中更改描边选项。

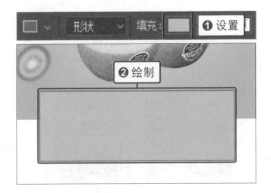

步骤 15 为"椭圆1拷贝"图层添加图层蒙版，❶使用"多边形套索工具"创建选区，❷将选区填充为黑色，隐藏图形，❸选中并复制更多的圆形，移到合适的位置。

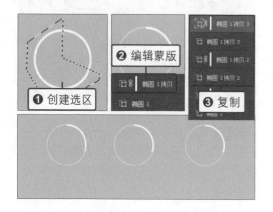

步骤 16 选择工具箱中的"横排文字工具"，在画面中输入所需的文字，结合"字符"面板为文字设置合适的字体和颜色，继续使用相同的方法，完成详情展示设计。

步骤 17 ❶按下快捷键 Ctrl+R，显示标尺，从标尺上拖出参考线，选择"切片工具"，❷单击选项栏中的"基于参考线的切片"按钮，根据创建的参考线，对图像进行切片。

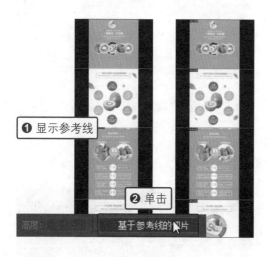

步骤 18 执行"文件 > 导出 > 存储为 Web 所用格式（旧版）"菜单命令，单击"存储"按钮，打开"将优化结果存储为"对话框，❶在对话框中选择"HTML 和图像"格式，❷单击"保存"按钮。

步骤 19 将导出的 images 文件夹中的图像上传到图片空间，单击图像下方的"复制链接"按钮，复制图像链接。

步骤 20 启动 Dreamweaver，打开"商品详情展示设计 .html"文档，在"代码"视图下单击并拖动，选中源图像链接地址。

步骤 21 按下快捷键 Ctrl+V，粘贴前面复制的网络链接地址，应用相同的方法，替换其他图片的链接地址。

步骤 22 复制 \<body\> 标签中的所有代码，在"发布宝贝"页面下的"电脑端描述"下单击"源码"按钮，粘贴代码并发布。